与最聪明的人共同进化

U0162570

湛庐 CHEERS

HERE COMES EVERYBODY

CHEERS
湛庐

控糖革命

Glucose Revolution

[法]杰西·安佐斯佩 著
Jessie Inchauspé

张艳娟 译

浙江科学技术出版社·杭州

你知道如何控糖才有益健康吗?

- 血糖正常的人需要控糖吗?

  A. 需要

  B. 不需要

- 关于饮食与健康,以下说法正确的是:

  A. 高脂肪食物对身体不好

  B. 平时应该吃点糖补充能量

  C. 果汁可以替代水果

  D. 只在饮食上控制热量的摄入并不能确保减肥成功

- 水果中的"糖"比巧克力中的"糖"对身体更好。这是对的吗?

  A. 对

  B. 错

扫描左侧二维码查看本书更多测试题

GLUCOSE REVOLUTION

The Life-Changing Power
of Balancing Your Blood Sugar

测一测
你的血糖是否失调

最近一项研究表明，只有 12% 的美国人的代谢是正常的，这就意味着只有 12% 的美国人拥有健康的身体，包括拥有正常的血糖水平。也就是说，和我们最亲密的 10 个人中，9 个人可能都在不知不觉中坐上了"葡萄糖过山车"。

问问自己下面这些问题，看看你的血糖是否失调。

☐ 是否有医生说过，你需要减肥了？

☐ 你是否在尝试减肥却发现很难成功？

☐ 如果你是一位男士，你的腰围是否超过了 3 尺①？如果你是一位女士，你的腰围是否超过了 2.7 尺？［腰围比身体质量指数（BMI）更能准确预测基础疾病。］

———————————

① 1 尺约为 0.33 米。——编者注

- ☐ 你是否会在白天频繁地感到饥饿难耐?
- ☐ 饿了的时候,你会感到烦躁甚至愤怒吗?也就是说,你会出现"饿怒症"吗?
- ☐ 你是否每隔几小时就想要吃东西?
- ☐ 如果吃饭晚了,你是否会浑身发抖或者头晕眼花?
- ☐ 你是不是特别喜欢吃甜的东西?
- ☐ 你会在上午或下午感到困倦吗?还是你一整天都感到很累?
- ☐ 你是否需要咖啡提神才能度过一整天?
- ☐ 你是否有睡眠障碍,或者你在醒来时感到心慌吗?
- ☐ 当出了很多汗或感到恶心时,你是不是会感觉一点儿力气也没有?
- ☐ 你是否有痤疮、皮炎或者其他皮肤问题?
- ☐ 你是否有过焦虑、抑郁等心理障碍?
- ☐ 你是否出现过脑雾?
- ☐ 你的情绪波动是不是很频繁?
- ☐ 你是否经常感冒?
- ☐ 你是否经历过胃酸反流或者得过胃炎?
- ☐ 你是否有过激素紊乱、月经不调、经前期综合征、不孕不育或多囊卵巢综合征的症状?
- ☐ 你的血糖水平是否过高?
- ☐ 你是否患有胰岛素抵抗综合征?
- ☐ 你是否处于糖尿病前期或者患有 2 型糖尿病?
- ☐ 你是否患有非酒精性脂肪性肝病?
- ☐ 你是否患有心脏病?
- ☐ 你是否无力应对妊娠糖尿病?
- ☐ 你的 1 型糖尿病是否很难缠,久治不愈?

你是否希望自己可以比现在更好呢?如果答案是肯定的,那么这本书非常适合你阅读。

聆听来自身体的声音

花点儿时间回顾一下，到目前为止你最后吃的一种食物是什么。

你喜欢这种食物吗？它看起来怎么样？闻起来怎么样？尝起来怎么样？你在哪儿吃的？和谁一起吃的？又为什么要吃呢？

食物带给我们的不仅仅是美味，它对我们来说至关重要。然而有些时候，食物也会在不知不觉中给我们带来意想不到的后果。现在，有几个更具挑战性的问题：你是否知道在吃了这种食物后会增加多少克脂肪？它是否会让你在第二天起床后长满丘疹？你是否知道它会让你的血管增加多少斑块、脸上增加多少皱纹？你又是否知道它也许就是你饭后不到 2 小时就感到饥饿、晚上无法安睡，而第二天又无精打采的原因呢？

总之，你知道自己刚吃的最后一种食物会对你的身心健康造成什么影响吗？

我们中的很多人都不知道。在开始学习一种被称为"葡萄糖"的分子之前，我当然也不知道。

对于大多数人来说，身体就像一个黑匣子：我们知道它的功能，但又说不清楚它是怎样工作的。我们经常会根据自己的意愿和周边信息来决定中午吃什么，而不是根据身体的真正所需。

哲学家阿兰·威尔逊·瓦兹 [1] 曾说："动物是用胃吃饭的，而人往往是用脑子吃饭的。"但是，如果身体能够与我们对话，结果可能就大不一样了。我们不仅能清楚地知道自己为什么刚吃完饭不到 2 小时就会饿，知道为什么晚上睡不好，还能知道为什么第二天感觉无精打采，并基于此来更好地计划吃什么。这样，我们的健康状况就会得到改善，生活质量也会得到提高。

事实证明，我们的身体一直在和我们进行"对话"，只是我们不知道怎样去"倾听"它。

我们放到嘴里的每样食物都会引发一系列反应。这些食物会影响我们体内 30 万亿的细胞和 30 万亿的细菌。食欲旺盛、丘疹、偏头痛、脑雾、情绪波动、体重增加、嗜睡、不孕不育、多囊卵巢综合征、2 型糖尿病、脂肪肝、心脏病……每一类问题或疾病都是身体给我们的信号，告诉我们身体内部出现了故障。

出现这些问题要归咎于我们所处的大环境。在花费数十亿美元的市场营销活动的影响下，我们对营养的选择受到了影响，而这些市场营销活动旨在让食品工业赚钱，为苏打水、快餐和糖果做广告。这些食品通常会打着"加工类食品（或糖类）本身并不坏，重要的是你吃了多少"的幌子，让你吃得心安理得。科学证明，事实正好相反：即使我们摄入得并不多，加工类食品（或糖类）在

---

① 阿兰·威尔逊·瓦兹（Alan Wilson Watts），英国哲学家、作家、演说家，因以西方人的身份推广东方思想而出名。一生出版了 25 本著作并发表众多论文，涉猎范围广泛。——译者注

本质上也对人体有害。

尽管如此，受误导性营销广告的影响，我们还是相信了如下一些说法：

● 减肥时只需要控制热量的摄入量和消耗量。
● 年糕和果汁对身体好。
● 高脂肪食物对身体不好。
● 应该吃点儿糖补充能量。
● 2 型糖尿病是一种遗传性疾病，你对它无能为力。
● 如果减肥没有成功，那是因为你的意志不够坚定。
● 下午 3 点感到困倦很正常，喝点儿咖啡就好了。

我们发现，神清气爽的早晨似乎并不是很多。被误导的饮食选择影响着我们的身体健康和精神健康，导致我们每天早晨醒来时都感觉精神不振。但是，如果真能每天早晨精神焕发，你难道不想吗？我要说的就是，你有办法做到。

长期以来，科学家一直在研究食物对人的影响。现在，关于这个问题，我们知道的比以往任何时候都要多。在过去的 5 年里，世界各地的实验室都有了惊人的发现：它们不仅揭开了食物在身体里实时反应的秘密，证明了我们吃的食物很重要，而且还证明了怎么吃也很重要，包括按什么顺序吃、怎样搭配着吃，以及怎样分门别类地吃。

科学表明，在人体这个黑匣子里，有一项指标影响着所有的系统。如果理解这项指标并做出对它有益的选择，我们能够在很大程度上改善身心健康状况。这项指标就是血糖水平，即血液中葡萄糖的含量。

葡萄糖是身体能量的主要来源。我们通过所吃的食物获得大部分葡萄糖，葡萄糖通过血液进入细胞。血液中葡萄糖的浓度在一天中有很大的波动，而浓度的急剧增加（称为葡萄糖峰值）会影响我们的方方面面，包括心情、睡眠、体重、皮肤、免疫系统的健康，患心脏病的风险以及女性受孕的机会。

如果你不是糖尿病患者，可能很少会听到周围人谈论葡萄糖，但是葡萄糖却实实在在地影响着我们每一个人。如今，监测血糖水平的工具操作起来越来越便捷。再结合我前面提到的科学进步，这意味着我们能够获得并利用比以往更多的数据，来深入了解自己的身体。

本书包含三部分：（1）为什么要控糖；（2）出现葡萄糖峰值有哪些危害；（3）轻松控糖的 10 个小窍门。

第一部分　为什么要控糖

不管是对于糖尿病患者还是对于血糖正常的人来说，自身的血糖调节都非常重要。88% 的美国人有可能出现血糖失调（尽管根据医学指标，这些人并没有超重），并且大多数人并不知道这一点。当血糖失调时，身体就会出现"葡萄糖峰值"。在葡萄糖峰值出现期间，我们体内的葡萄糖会迅速增加，血糖会在大约 1 小时内（或者更短的时间）升高超过 30 mg/dL[①]，然后迅速降低。这个峰值对人体的危害极大。

第二部分　出现葡萄糖峰值有哪些危害

葡萄糖峰值对我们的短期影响包括饥饿、贪吃、疲劳、严重的更年期症状、偏头痛、睡眠障碍、难以控制的 1 型糖尿病和妊娠糖尿病、免疫力下降以及认知功能障碍。长期危害包括血糖失调导致的衰老和慢性疾病的发展，如痤疮、湿疹、牛皮癣、关节炎、白内障、阿尔茨海默病、癌症、抑郁症、肠道问题、心脏病、不孕不育、多囊卵巢综合征、胰岛素抵抗综合征、2 型糖尿病以及脂肪肝。

如果你把自己每天每分钟的血糖数值都标在一张图上，那么点与点连成的

---

① mg/dL 即毫克 / 分升，国内血糖水平一般采用"mmol/L"为单位，下文不再换算。一般空腹全血血糖为 3.9 ～ 6.1 mmol/L（相当于 70 ～ 110 mg/dL），血浆血糖为 3.9 ～ 6.9 mmol/L（相当于 70 ～ 125 mg/dL）。mg/dL 除以 18 即为 mmol/L。——译者注

线上就会呈现出峰值和谷值。这张图显示的是你的血糖曲线。当你改变生活方式，避免出现葡萄糖峰值时，血糖曲线就会变得平稳。血糖曲线平稳，身体分泌的胰岛素（一种调节血糖的激素）就会减少，这对身体来说是有益的，因为胰岛素分泌过多是造成胰岛素抵抗综合征、2 型糖尿病和多囊卵巢综合征的主要原因。血糖曲线平稳了，体内的果糖含量也会随之稳定（因为果糖和葡萄糖一起存在于含糖食物中），这对我们是有益的。果糖过多会增加我们罹患肥胖、心脏病和非酒精性脂肪性肝病的风险。

第三部分 轻松控糖的 10 个小窍门

你可以轻松地将这些饮食窍门融入自己的生活。我大学学的是数学专业，研究生攻读生物化学专业，这些经历使我能够轻松提取和分析庞杂的营养学数据。此外，我还在自己身上做了很多实验，并且佩戴了一种名为动态血糖仪的设备，能够实时地监测自己的血糖。我在这一部分分享的 10 个窍门既简单又有效。以后再也不会有人要求你远离甜点、计算热量或者锻炼好几小时了。前提是，你得使用在第一部分和第二部分中学到的生理学知识，真正地倾听身体的声音，从而更好地安排"怎么吃"（这意味着你甚至可以在餐盘上放比平时更多的食物）。在这一部分中，我会提供避免出现葡萄糖峰值的所有信息，这样你就无须佩戴血糖监测设备了。

在本书中，我会通过前沿的科学知识来解释这些窍门是怎样发挥作用的，并且通过真实的案例来展示这些窍门的实际效果。你将会看到来自我自己和控糖女神社区（Glucose Goddess Community）的实验数据。控糖女神社区是我建立和发展的在线社区，已经有超过 20 万会员（截至本书英文版出版之日）。你将会看到很多会员的控糖故事，他们不仅体重下降明显、旺盛的食欲得到控制、精力得以提升、皮肤变得光滑细腻，还摆脱了多囊卵巢综合征症状，逆转了 2 型糖尿病，赶走了满足口腹欲之后的罪恶感，并重新获得了强大的自信。

当读完这本书时，你将学会聆听来自身体的声音，并且知道下一步该怎么做；你将不再受制于市场营销广告的轰炸，从而拥有自主的食物决策权；你的健康状况将会得到改善，生活质量也会得到提高。

我说的这些都是事实，因为这些都已经实实在在地发生在了我自己的身上。

前 言　聆听来自身体的声音

不要把健康视为
理所当然

脊椎骨像多米诺骨牌一般倒塌

你知道"不要把健康视为理所当然"这句话吗？我知道，19 岁经历的一次意外彻底改变了我的一生，让我对这句话有了更深刻的理解。

当时，我和朋友在夏威夷度假。一天下午，我们去丛林徒步，并决定从瀑布上跳下去，大家都觉得这是一个非常刺激的好主意（剧透一下：这个主意并不好）。这是我第一次尝试做这样的事情。我的朋友告诉我："腿要保持伸直，这样脚会先落水。"

"知道了！"我说完这句话就行动了。

跳下悬崖的那一刻，我吓坏了，完全忘记了朋友的提醒。结果，先落水的并不是我的脚，而是屁股。来自水流的巨大压力对我的脊柱形成了向上的冲击波，然后，就像多米诺骨牌倒塌一般，我的每一块脊椎骨都被挤压变形了。

咔嚓——咔嚓——咔嚓——咔嚓——咔嚓——咔嚓——咔嚓。脊椎骨被撞击，所有的压力都指向我的第二胸椎。我的第二胸椎骨在压力下爆裂成了14块。

生活被分为事故前和事故后

我的生活也随之被炸成了碎片。

在接下来的两周里，我被固定在医院的床上，等待接受脊柱修复手术。躺在床上睡不着，我的脑子里不停地预演着接下来要发生的事。我无法想象外科医生将从腰的侧面打开我的躯体，然后在脊椎骨折的部位从后面开刀。医生要将骨折碎片连同周围 2 个椎骨取出，然后将这 3 个椎骨连在一起，并用电钻将 6 个约 2.5 厘米长的钢钉钉入我的脊柱。

手术的风险令我恐惧：肺脓肿、瘫痪或死亡。然而，我别无选择。脊椎碎片压迫着我的脊髓膜，任何撞击（哪怕只是被楼梯绊一下）都会让它穿破脊髓膜，导致我腰部以下瘫痪。我想象自己会在手术台上大出血，医生放弃治疗后漠然离去。我想象着我的生活就这样结束了，所有这一切都是因为我在做一件本以为很有趣的事时，在半空中太过害怕而搞砸了。

等待手术的日子很漫长，但这一天还是到来了。麻醉师走进手术室，为接下来 8 小时的手术做准备，我在想她会不会是我见到的最后一个人。我祈祷自己能够在手术后醒来，余生都将充满感激。

半夜，我醒过来了，独自一人在康复室。起初，我为自己还活着而感到巨大的欣慰。紧接着，巨大的疼痛席卷了全身，被钉入的钢钉像一个铁拳一样挤压着我的脊柱（见图 0-1）。护士慢腾腾地走了过来，淡漠且不屑一顾。这个世界欢迎我回归的方式并不让人满意。我哭了，只想找我的妈妈。

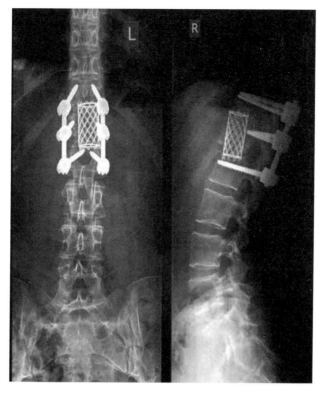

图 0-1　术后脊柱 CT 扫描图

我并不会触发机场安检的安全警报，但是，这些钢钉会永久地留在我的身体里。

我满心感激：对于活着的深深的、极大的感激。但同时，痛苦如影随形。整个后背都在一跳一跳地疼，我一动也不能动，稍微一动后背的缝合伤口就好像要撕裂一般，我的腿着火了一样的难受。

每隔 3 小时，护士会准时来到病房，在我的大腿侧打一剂止痛针，两条腿轮换着打。这一切都太痛苦了，包括反胃的阿片类药物，我无法入睡，也不能吃东西，在两周里瘦了 11 kg。我不知所措，觉得自己既愚蠢又幸运，为发生的一切感到痛苦，也为让爱我的人经历这一切感到愧疚。

与现实世界彻底脱轨

身体在几个月内就痊愈了，但是我的精神和心理状况远未康复。我感觉自己与现实世界彻底脱轨了，连双手都不像是自己的了，经常被镜子里貌似陌生的自己吓到。肯定有些地方不对劲，但是又说不清楚是什么。

然而，其他人没有发现我的这些症状。从外表看来，我似乎又恢复了健康。当有人问我感觉如何时，我总是回答"我很好，谢谢"。但是，我的真实独白是"我感觉自己像一个陌生人，照镜子时常常失控，害怕得要死，觉得自己再也不会好起来了"。后来，我被诊断为人格解体障碍[①]，患这种疾病的人无法将自己或周围的真实环境联系起来。

当时，我住在伦敦。乘坐地铁时，我看着对面上下班的人，想象着他们中有多少人像我一样，也经历了一些艰难的事情并将自己隐藏了起来。我想象着地铁里的某个人会发现我的痛苦，并告诉我他理解我——他曾经也有过类似的经历，并重新找回了自我。当然，这并没有发生。坐在距我大约 1 米以外的人完全不知道我内心的想法。我甚至也不清楚自己内心的想法。

我唯一清楚的是，我们并不了解自己身体内部究竟会发生什么。即使我们可以表达自己的情感——感激、痛苦、释然、悲伤等，但出现这些情感的原因到底是什么呢？我们从什么时候开始感觉不好的？

记得我曾经对最好的朋友说："没有什么事情比健康更重要了，无法上学、没有工作、缺钱，这些都不重要。"这是我经历病痛后最深刻的体悟。

---

① 人格解体障碍（depersonalization disorder），又称为人格解体神经症（depersonalization neurosis），是一类以持续或反复感到自己的精神或身体被分开为特征的心理障碍，最常发生于遭受意外、攻击、严重躯体疾病和外伤之后，也可以是其他精神疾病和癫痫的伴发症状。作为一个独立的疾病，人格解体障碍并未被广泛研究过，人们对于它的发病率和发病病因知之甚少。——译者注

为此，在 4 年后我踏上了去往距离旧金山以南 60 多千米的地方的火车，去位于山景城的一家公司上班。在决定找出身体是如何与我们沟通的真相后，我认为自己需要一份研究最前沿健康科技的工作。而在 2015 年，最前沿的科技就是基因学。

重新认识自己

我成了一家名为 23 and Me 的初创公司的实习生。公司之所以以此命名，是因为我们每个人都携带 23 对染色体的基因密码。相比于其他地方，这里是我最想来的。既然基因塑造了我们的身体，那么，了解基因就能够了解自己的身体。

23 and Me 是实现该目标的好地方，我和优秀的人一起，用完美的数据，来完成伟大的使命。办公室的氛围令人激动。

我曾经做过产品经理，拥有两个学位，擅长将复杂的问题简单化。我充分发挥了这些优势：向客户讲解基因研究，并鼓励他们参与问卷调查。我通过数字网络可以一次收集上百万份数据，这种收集数据的方式在当时还未被普及。每一位客户都是"公民科学家"，为推进我们对基因的普遍认知做出了贡献。我们的目标是通过个性化医疗创新，为每个人提供针对性的健康建议。

我通读了该公司研究团队中科学家发表的所有文章，和他们走得越来越近，并开始思考一些问题。令我失望的是，我越来越清楚地认识到基因并不像我原本以为的那样具有预测性。基因会显示你可能更容易患上 2 型糖尿病，却不能明确地告诉你是否会患上糖尿病。观察基因只能够为你预测某件事情可能会发生。论及大多数慢性病，从偏头痛到心脏病，其根源在于你的生活方式，而非遗传基因。总之，基因并不能决定你早晨醒来时的感觉。

2018 年，23 and Me 推出了一个新项目，即动态血糖仪（CGMs）的研发。这个项目由健康研究与发展团队领导，并负责提出最具前瞻性的想法。

动态血糖仪是一种小型设备，可以佩戴在手臂后侧，用来监测人们的血糖水平。它代替了糖尿病患者几十年来一直使用的指尖血糖检测方法。使用指尖血，每天只能测量几次血糖，而动态血糖仪每隔几分钟就可以测量一次血糖（见图 0-2）。这样一来，整个血糖变化曲线都可以被看到，并且可以很方便地发送到智能手机上。对于那些依据血糖水平来决定用药剂量的糖尿病患者来说，动态血糖仪是真正的游戏规则改变者。

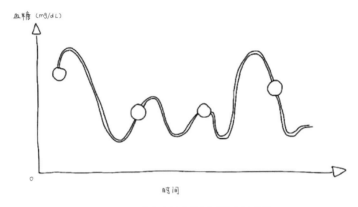

图 0-2　用动态血糖仪监测到的血糖曲线

动态血糖仪可以捕获原来传统指尖血糖检测法（图中圆圈）测量不到的血糖。

23 and Me 推出这个项目后不久，一些顶级运动员也开始佩戴动态血糖仪，通过测量血糖来优化他们的运动表现及耐力。随后，通过研究佩戴该设备的相关数据，研究者发表了一些关于使用这种设备的科学论文。论文表明，一些非糖尿病患者的血糖也可能会出现严重失调。

当健康研究与发展团队宣布，要针对非糖尿病患者对食物的反应展开一系列研究时，我立刻就报名了。我一直在寻找某种方法来帮助我了解自己的身体。只是，接下来发生的一切远远超出了我的预想。

一位护士来到玻璃幕墙会议室，给 4 个志愿者佩戴动态血糖仪。我将袖子卷了起来，护士用酒精棉签擦了擦我的左上臂后侧，把一个监测器贴在我的皮肤上。她告诉我们，会通过针头在皮下埋一个长度为 3 毫米、载有信息发射装置的纤维电极。电极要放置两周。

1、2……开始！监测器放好了——我几乎没有感觉到疼痛。

监测器启动需要 60 分钟，在那之后，通过手机终端，我可以实时查看我的血糖水平 ①。这些数据不仅可以显示我吃了什么（或者没吃什么）后的身体反应，还可以显示我运动（或者没运动）后的身体反应。我可以轻松获取身体内部的信息。

当我感觉很棒时，我会查看我的血糖。当我感到沮丧时，我也会查看我的血糖。当我筋疲力尽时、晨醒后、睡觉前，我都会查看我的血糖。我的身体正在通过手机屏幕上上升或下降的曲线和我交谈。

我给自己做了实验，并记录了所有数据。实验室就是我的厨房，实验对象就是我自己，我的实验假设就是食物和运动可以通过我们制定的一些规则来影响血糖水平。

很快，我发现了一些奇怪的现象：周一吃完玉米片后我的血糖出现了一个大的峰值，但是周日吃完玉米片后却没有出现葡萄糖峰值。喝了啤酒后会出现葡萄糖峰值，喝了葡萄酒后却没有出现葡萄糖峰值。午餐后吃巧克力豆时没有出现葡萄糖峰值，晚餐前吃巧克力豆时却出现了葡萄糖峰值。如果午餐后血糖持续偏高，下午就会感到很累；如果血糖曲线非常平稳，一整天就会精力充沛。如果和朋友们熬夜约会，晚上的血糖曲线就会像过山车一样。工作压力过大时也会出现葡萄糖峰值。练习冥想后血糖曲线平稳。休息时来杯卡布奇诺没有出现葡萄糖峰值，疲惫时喝一杯卡布奇诺却出现了葡萄糖峰值。只吃面包后会出现葡萄糖峰值，吃抹了黄油的面包后却没有出现葡萄糖峰值。

---

① 严格来说，葡萄糖不是在我的血液中，而是在我的细胞之间的液体中。这些是密切相关的。

当我把自己的精神状态和血糖水平联系起来时，事情变得更有趣了。我的大脑迷雾（自我发生事故后开始出现）通常都对应着一个很高的葡萄糖峰值，而嗜睡通常对应着葡萄糖谷值。食欲与葡萄糖过山车有关——时而快速上升，时而快速下降。如果醒来后感觉昏昏沉沉的话，往往我的血糖已经持续高了整整一个晚上。

我筛选了数据，又重新做了很多实验，并将我的假设和研究结果对比，得出结论：如果想感觉良好，就必须避免血糖出现大的峰值或者谷值，让自己的血糖曲线变得平稳。这个重大发现治好了我的脑雾，控制住了我的食欲，让我醒来时感觉良好。这是自发生事故以来，我第一次真正意义上感觉良好。

于是，我和朋友们分享了这件事，而控糖女神运动就是这样开始的。

控糖女神运动

一开始，朋友们听到我的话一脸茫然。显然，我必须找到一种更吸引人的方式来分享这些研究成果。我尝试以自己的血糖数值为例来进行科学的阐释（见图 0-3）。但问题是，人们很难一开始就完全掌控身体的内部情况。

为了找到这些数据的意义，我需要把一天中某些特定的时间"放大"。但是，动态血糖仪没有配套的应用程序可以使用。为此，我在电脑上开发了一个软件，尝试自己来做这些。我把自己吃的每种食物都记录下来，并且对于记录下来的每条信息，我都会进行 4 小时的观察。例如，"下午 5 点 56 分喝了一杯橙汁"。我会在喝橙汁前 1 小时就开始监测我的血糖，并持续监测到喝完橙汁 3 小时后（见图 0-4）。

这种监测方法可以让我对喝橙汁前、喝橙汁期间和喝橙汁后的血糖水平有一个直观的了解。

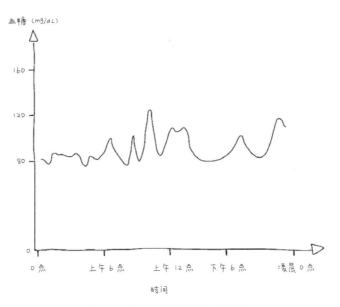

图 0-3　动态血糖仪监测的全天数据

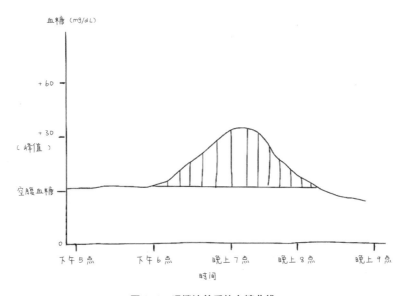

图 0-4　喝橙汁前后的血糖曲线

下午 5 点 56 分喝一杯橙汁，这是喝橙汁前 1 小时、后 3 小时的血糖曲线为了方便观察，我将血糖节点连成线，并标记了葡萄糖峰值。接下来，本着科学并且美观时尚的原则，我简化了坐标轴，并在右侧添加了食物的图片，类似图 0-5，这样看起来就更加清晰且吸引人了。

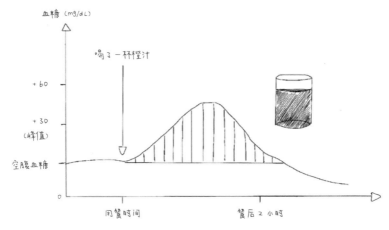

图 0-5　用自制软件绘制的血糖曲线

橙汁及其他所有果汁，含有很多糖分且都不含纤维。喝果汁会导致血糖水平飙升。

我的朋友和家人都被这些图迷住了。他们让我测试越来越多的食物，并和大家分享结果。然后，他们开始监测自己的动态血糖，并将测试数据发给我来汇总。事情一发不可收，过了一段时间，我已经没有足够的时间来整理这些图了。于是，我研发了一款手机小程序来自动完成这些图。我的朋友们开始使用这个小程序，接着朋友的朋友也开始使用……小程序用户就像野火一样迅速蔓延。甚至那些没有动态血糖仪的朋友，也受到了这些数据的影响，并开始改变他们的饮食习惯。

2018 年 4 月，我创建了控糖女神社区。随着控糖女神社区用户数的增长，我被用户反馈给我的数据震惊了：葡萄糖几乎与我们的所有行为有关联。

GLUCOSE REVOLUTION

The Life-Changing Power of Balancing Your Blood Sugar

第一部分

为什么要控糖

我们最亲密的 10 个人中，
9 个人可能都在不知不觉中
坐上了"葡萄糖过山车"。

GLUCOSE
REVOLUTION

The Life-Changing Power
of Balancing Your Blood Sugar

进入驾驶舱
葡萄糖为什么如此重要

观察自己的健康状况的感觉就像在回自己的座位时看了一眼飞机的驾驶舱。到处都是复杂的东西：屏幕、仪表盘、闪光灯、旋钮、开关、操纵杆、左侧按钮、右侧按钮、顶部按钮（我的天，为什么天花板顶部还有按钮？）……。我们的视线转向别处，非常感激飞行员知道他们自己在做什么。作为乘客，我们关心的是飞机是否能够正常飞行。

如将身体看作飞机，我们就是那些一无所知的乘客，所不同的是，我们自身同时也是飞行员。也就是说，如果不清楚身体是如何工作的，我们就会像是在驾驶一架没有导航的飞机盲飞。

我们知道自己想要什么：微笑着醒来，一整天精力充沛、充满活力。我们希望生活质量能有一个飞跃；希望生活中没有痛苦；希望和自己所爱之人共度美好时光，充满温情和感恩。但是，怎样实现这些是非常具有挑战性的。我们被这些复杂的"按钮"弄得手忙脚乱。我们要怎么做，又要从哪里开始呢？

从控糖开始。为什么呢？因为葡萄糖是这间驾驶舱里的操纵杆，是飞机顺利航行的关键。同时，它也是最容易掌控的（这要多亏了动态血糖仪）。葡萄糖可以瞬间影响我们的感觉，包括饥饿感和心情。一旦我们控制了它，许多问题就会迎刃而解。

如果体内的血糖失调，仪表盘就会闪灯，警报也会响起。我们的体重会增加，激素水平会紊乱，我们会感到疲惫并且特别想吃糖，不仅皮肤会出疹子，而且心里也会感到难受。我们会离 2 型糖尿病越来越近。如果身体是一架飞机，那么对应的症状就是飞机颠簸、震荡、失去控制，以及偏航。所有这些都明确地告诉我们应该做一些事情来避免坠机。为了回到理想的飞行模式，我们需要让自身的血糖曲线平稳化。

怎样来操作这个操纵杆呢？非常简单——控制我们盘子里的食物。

极端饮食对身体的坏处

在深入探讨之前，我们首先要知道哪些结论不能从本书中得到。在十几岁的时候，我尝试过纯素饮食，但那是一种非常糟糕的纯素饮食。因为我选择了奥利奥和纯素意大利面，而不是营养丰富的鹰嘴豆炖菜、脆脆的香煎豆腐和煮毛豆。我吃的只是低营养并且高糖的食物。我的皮肤开始长痘，而且总是感觉很累。

刚成年的时候，我推崇酮类饮食，但那也是一种非常糟糕的酮类饮食。我希望通过酮类饮食减肥，但是却长胖了，因为在不吃碳水化合物的过程中，我吃的都是奶酪。这造成了我的激素水平紊乱，导致月经都停了。

随着所学知识的逐渐增多，我越来越深刻地认识到极端饮食对身体没有好处——尤其是很多理论容易被滥用（有一些是非常不健康的纯素饮食，也有一些是非常不健康的酮类饮食）。"饮食"能够让我们体内的葡萄糖、果糖和胰岛素曲线变得平稳。如果能践行良好的纯素饮食和酮类饮食方法，那么这两种方法都能使曲线平稳。而且，只要方法得当，任何一种合理的饮食方式都能使曲线平稳。这就是说，我们可以通过饮食来逆转某些疾病或者减轻体重。我们应该寻求一种可持续的生活方式，而不是节食。我们的餐盘上应该为所有食物留一点儿位置，包括糖。尤其是在知道了葡萄糖是如何工作的之后，对于这一点，我比以往有了更好的理解。

对于适度这件事情，有三点非常重要，在阅读本书时要铭记于心。

第一，葡萄糖不是一切。有些食物能够使血糖曲线变得完全平稳，但是，这些食物对我们的健康并没有好处。例如，尽管工业加工油和反式脂肪酸不会造成葡萄糖峰值的出现，但却会使我们的器官老化、出现炎症并受伤。酒精也不会造成葡萄糖峰值的出现，但这并不是说酒精对我们就有好处。

决定我们健康的还有其他因素：睡眠、压力、锻炼、情感联系、医疗护理等。除了葡萄糖，我们还要注意脂肪、果糖和胰岛素。这些我在本书的后半部分会讲到。但是，不管是果糖水平还是胰岛素水平都很难连续地被监测。血糖水平是唯一我们躺在舒适的沙发上就可以监测的。另外，还有一个好消息，那就是当血糖曲线变得平稳之后，我们的果糖曲线和胰岛素曲线也会随之变得平稳。这是因为果糖和葡萄糖在食物中总是一起出现，而胰腺释放多少胰岛素是根据葡萄糖的多少来定的。当这些胰岛素的数据可以用在科学研究中时（胰岛素通常在临床环境中进行连续监测），我也会阐述这些葡萄糖黑客对胰岛素的影响。

第二，环境非常关键。我的妈妈经常会发一些她在超市要买的东西的照片，问我："这个好还是不好？"我总是回答："这要看情况。如果不买这个，你会买什么呢？"

我们不能简单地说一种食物是好是坏，因为所有的事情都是相对的。相对于普通面粉来说，高纤维面粉是"好"的，但是相对于蔬菜来说，高纤维面粉又是"坏"的。燕麦饼干相对于杏仁来说是"不好"的，但是相对于可口可乐来说又是"好"的。我们遇到了一个难题，不能简单地根据一种食物的血糖曲线来判断这种食物是"好"的还是"坏"的。我们必须将这种食物与其替代品进行比较。

第三，本书给出的建议都是有科学依据的。本书中的每张血糖曲线图都是为了阐明我参考和引用的科学发现。我不会从针对一个人的葡萄糖实验或者我个人的实验中得出普遍的结论。首先，我做了调研：找到了一些科学证据，能够解释为什么某些行为习惯会使血糖曲线平稳化。例如，饭后 10 分钟的适度锻炼能够降低这顿饭引发的葡萄糖峰值。在这些研究中，科学家已经在许多人身上做过实验，然后得出了一个普遍的结论，并且能够确保结论在统计学上是成立的。其次，我只是对他们的研究成果做了一份更直观的可视说明。所以，我选择了一种单独食用就可以使血糖水平出现峰值并且很受欢迎的食物，比如一包薯片。在一天早上，我自己吃了一包薯片，并监测血糖水平；接着，在第二天早上，我又吃了一包薯片，但不同的是，我在吃完薯片后出门散步了 10 分钟。监测显示第二组实验中葡萄糖峰值变小了，和论文的结论一样。于是我向人们展示餐后散步可以降低餐后的葡萄糖峰值。当然，实验者不全是我，还有控糖女神社区的其他人，他们会向我分享自己所做的实验。

所以，如果身体是一架飞机，而我们自己既是飞行员又是乘客，那么就请把以上这三点注意事项作为自己的安全课的重要内容吧。平稳的血糖曲线是使我们安全飞行的起点，请系好安全带，开始自己的旅程吧。

"食土动物"

植物如何生成葡萄糖

植物并没有得到它们应有的声望。公平地说，它们很少宣传自己的丰功伟绩，因为它们做不到。如果摆放在桌子上的仙人掌会说话，那么关于它的祖先的传说可能会给我们留下深刻的印象，毕竟，是它们促成了地球上最重要的生物进程——光合作用。

几十亿年前，我们的星球还是一个由水和淤泥组成的贫瘠的大岩块。只有细菌和海洋中蠕动的蠕虫拥有生命。地球上没有树木，没有叽叽喳喳的小鸟，当然也没有哺乳动物。但是，在这个蓝色星球的某个角落，或许就位于现在的南非，一件神奇的事情发生了。在经过了几百万年的反复演化之后，一株小小的幼芽破土而出，长出了第一片叶子。从此，生命史新的篇章开启了。

这真是一个了不起的壮举。那株小嫩芽是如何做到的呢?

人们曾经普遍认为植物是"食土动物"：因为它们在泥土中生根发芽，最终破土而出。16世纪40年代，佛兰芒①科学家海尔蒙特开始着手研究这种说法的真实性。他进行了一项长达5年的实验，这项实验又被称为"柳树实验"。从这项实验中，我们了解到两件事情：第一，海尔蒙特非常有耐心；第二，植物并不是由泥土构成的。

海尔蒙特在一个大花盆里装了约90 kg的土壤，并种植了一棵重约3 kg的柳树苗。在接下来的5年里，他给小树浇水，观察并记录小树的生长情况。5年过去了，这棵小树长大了，海尔蒙特把小树从花盆里移出，这时的小树已经重达78 kg了，比最初的幼苗增加了75 kg。最重要的是，花盆里土壤的重量几乎没有发生变化。这意味着小树增加的75 kg一定来自其他地方（见图1-1）。

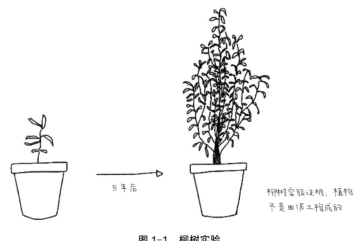

图 1-1　柳树实验

如果植物不吃土，那它究竟是如何生长的呢？现在我们说回地球上长出的第一株小芽，我给这株小芽取名为"杰瑞"。

———————————
① 佛兰芒（Flemish）：比利时两大民族之一。——译者注

杰瑞给出了它的最优解决方案：将空气而不是土壤转化为物质。杰瑞利用太阳的能量，将空气中的二氧化碳和土壤中的水（来自土壤，但并不是真正的土壤）转化为一种原来从未见过的物质，并用其来构建自己的每一个部分。这种物质就是我们现在所说的葡萄糖。没有葡萄糖，就不会有植物和生命。

在柳树实验后的几百年里，很多研究人员都想探究植物到底是如何合成这种物质的。他们利用蜡烛、真空密封罐和不同类型的水藻进行了很多实验。美国科学家梅尔文·卡尔文、安德鲁·本森和詹姆斯·巴萨姆[1]最终破解了这一奥秘。卡尔文因这一发现获得了 1961 年的诺贝尔化学奖。这个合成过程被命名为"卡尔文循环"。不过，这个名字并不为我们熟知，我们通常称这一过程为"光合作用"，也就是利用光能，将二氧化碳和水转化为葡萄糖的过程。

我有点儿羡慕植物的生长方式。它们不用花时间在杂货店购物，自己就能够创造食物。对于人类来说，这就像是我们坐在太阳底下就能够吸收空气中的分子，无须购买、烹饪和吞咽食物，就能够在胃里产生一份奶油扁豆汤一样。

葡萄糖一旦生成，植物既可以靠分解葡萄糖来产生能量，也可以原封不动地将葡萄糖作为生长所需的原料。我们再也找不到比葡萄糖更适合的原料了。葡萄糖小巧又灵活，一句话末尾的那个句号能装下 50 万个葡萄糖分子。它可以用来构建植物坚硬的树干、柔软的叶子、细长的根和多汁的果实。就像钻石和铅笔芯都是由同样的原子（碳原子）组成一样，植物也可以通过葡萄糖生产出很多不同的物质（见图 1-2）。

---

[1] 梅尔文·卡尔文（Melvin Calvin）是美国著名生化学家，加州大学伯克利分校教授、劳伦斯伯克利国家实验室研究员，因与安德鲁·本森（Andrew Benson）和詹姆斯·巴萨姆（James Bassham）发现卡尔文循环（Calvin cycle）而声名显赫，于 1961 年获诺贝尔化学奖。——译者注

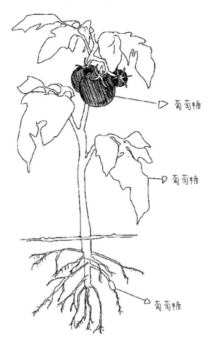

图 1-2 植物通过葡萄糖生产出很多不同的物质

在一个阳光明媚的下午，植物通过光合作用生成葡萄糖，并将葡萄糖组合成不同的形态来促进自己再生长，包括它的根、叶子和果实。

强力淀粉

植物可以通过葡萄糖生产的物质之一就是淀粉。活着的植物每时每刻都需要能量。但是，当没有阳光的时候，不管是阴天还是晚上，光合作用都不能进行，无法为植物提供其生存所需的葡萄糖。为了解决这个问题，植物需要在白天生产更多的葡萄糖并储存起来，以备不时之需。

问题是，储存葡萄糖并不容易。葡萄糖的自然属性是易溶于周围的任何物质，它就像课间休息时的孩子们一样。孩子们在操场上横冲直撞，他们的行为无法被预知和控制。但是，当再次上课时，孩子们会被老师叫回来，安静地（大部分）坐在教室里上课。同样，植物也有使葡萄糖再次聚集起来的方法。

它们通过一种名为酶的助手（我们可以把它理解成助理教师）来捕获葡萄糖并将其连接在一起：左手牵右手，右手牵左手，连接成千上万个，最后就会形成一条长长的葡萄糖链，葡萄糖也就不再到处乱跑了（见图1-3）。

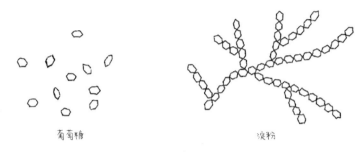

葡萄糖　　　　　　　　　　　　　　　　　　淀粉

图1-3　植物通过葡萄糖生成淀粉

　　这种形式的葡萄糖被称为淀粉。在植株的茎和叶中淀粉的存储量很小，但是在根茎部的存储量很大。甜菜、土豆、胡萝卜、块根芹、豆薯和山药的可食用部分都是根，都含有淀粉。种子也含有淀粉。淀粉为其发芽、生长提供必要的能量。大米、燕麦、玉米、小麦、大麦、豆类（豌豆、扁豆、大豆和鹰嘴豆）都属于种子，这些种子中也都含有淀粉（见图1-4）。

图1-4　根类蔬菜和种子中富含淀粉

在这间"教室"里，有很多纪律约束着这些淀粉，所以，starch（淀粉）一词来源于德语 stärke，意为"强壮"。

淀粉也确实很强壮，但这并不意味着它不可改变。只要找到合适的工具，淀粉也是可以被分解的。每当植物需要葡萄糖的时候，它们会使用一种被称为α-淀粉酶的酶。这种酶可以直达根部，将一些葡萄糖分子从淀粉链中释放出来。"咔嚓"一下，葡萄糖就被释放出来了，接着被转化为能量，或是成为构成其他物质的原料。

凶猛纤维

另一种酶（有很多种不同的酶）能够执行另一项不同的任务——制造纤维。与葡萄糖手拉手制造淀粉的方式不同，这种酶使葡萄糖分子手脚相连，通过这种连接方式形成的链被称为纤维。就像房子砖块之间的灌浆一样，纤维可以使植物长得高而不倒。纤维常见于树干、树枝、花朵和叶子中，植物根部和果实中也有少量纤维（见图 1-5）。

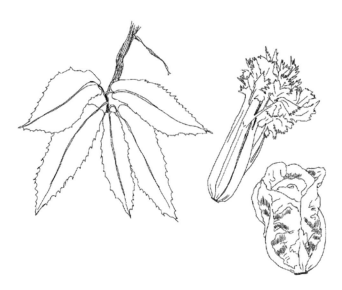

图 1-5　树干、树枝和植物的叶子富含纤维

人类发现了纤维的一种实际用途：被收集并加工制作成纸。这项用途始于埃及的纸草。现在，纤维从树干中被提取出来，再经过聚合，变成一沓一沓的纸。如果你正在阅读纸质版的《控糖革命》，你就是在读一本印刷在葡萄糖上的关于葡萄糖的书。

香甜果实

如果尝一下葡萄糖，你就会发现它很甜。但是，植物还会将一部分葡萄糖转化为一种更甜的叫作果糖的分子。果糖的甜度大约是葡萄糖的 2.3 倍。

植物将果糖集中到水果（苹果、樱桃、猕猴桃以及其他水果）之中（见图1-6），并将水果挂在枝头。这么做的目的是让动物无法抗拒水果的味道。那么为什么植物希望它们的果实如此诱人呢？因为植物将其种子藏在了果实之中。这是植物繁殖的关键：动物吃掉它们的果实，种子便神不知鬼不觉地被带走，直到食客将种子排泄出来。这就是种子四处传播的方式，而这种方式让植物遍布各地。

图 1-6　水果富含果糖

大部分植物的果糖都是以这种方式存储的，但是有一些植物，在另一种酶的帮助下，会在一段时间内将葡萄糖以另一种方式进行连接。这种连接方式产生的分子被称为蔗糖。蔗糖的存在可以使植物存储更多的能量（一个蔗糖分子比一个葡萄糖分子和一个果糖分子加起来要稍微小一点，这样，植物就可以在更狭小的空间中存储更多的能量）。对于植物来说，蔗糖是一种非常巧妙的能量临时存储物质，但是对于我们来说，蔗糖却有着非常重要的意义。我们每天都在使用它，只不过用另一个名字称呼它——食用糖。

得益于光合作用，葡萄糖以不同的形式存在——淀粉、纤维、果糖和蔗糖。这就是杰瑞提出的巧妙方法，为这个星球上生物的多样性铺平了道路。

家庭事务
葡萄糖是如何进入血液的

从恐龙到海豚再到老鼠，植物发明的葡萄糖燃烧系统对所有的生物来说都相当重要。在第一株植物出现四亿四千九百万年后，人类出现了，而人类也需要靠燃烧葡萄糖获得能量。

我们的细胞，就像所有的动物和植物的细胞一样，都需要能量来维持生命——葡萄糖是细胞最佳的能量来源。虽然每一种细胞功能不同，但都需要葡萄糖的支持。心脏细胞需要能量来进行收缩，脑细胞需要能量来激发神经元，听觉细胞需要能量来听，视觉细胞需要能量来看，胃细胞需要能量来消化，皮肤细胞需要能量来修复伤口，红细胞需要能量让我们获得充足的氧气、整夜蹦迪。

每一秒，我们的身体要燃烧 8×10^{18} 个葡萄糖分子。换个角度来看，如果一个葡萄糖分子是一粒沙子，我们每 10 分钟就会把地球上所有海滩上的沙子燃烧一次。

总而言之，人体需要大量的能量。但是，我们遇到了一个小问题：人类不是植物。即使有了最先进的技术，我们也不能利用太阳将空气转化成葡萄糖（我曾经尝试在海滩上进行"光合作用"，但是没有任何效果）。对我们来说，获取所需葡萄糖的最常规的方式（但不是唯一方式）就是吃。

淀粉

至今，我都记得 11 岁时在生物课上做的一个实验。当时我们正准备上第二节课。每个学生都被分到了一片白面包。

就在我们都困惑不解的时候，老师宣布了上课内容：每个人把整片面包放到嘴里，然后持续咀嚼整整一分钟，其间不能吞咽下去。虽然这是一个奇怪的要求，但是貌似比平时的课堂内容更好玩，所以我们都按照要求做了。大约嚼了 30 次后，令人惊讶的事情发生了：面包的味道开始变甜了！

大多数面包都是由面粉制成的，而面粉由小麦粒研磨而成。我们都知道，小麦粒里面含有很多淀粉。任何由面粉制成的食物都含有淀粉，如馅饼皮、饼干、糕点、意面——所有这些都是由面粉制作的。我们进食时，也会使用和植物一样的酶——α-淀粉酶，来把淀粉分解成葡萄糖。

淀粉在体内转化为葡萄糖的速度非常快。这个过程通常发生在肠道，所以我们很少注意到它。α-淀粉酶将淀粉分解，葡萄糖分子被释放出来。然后，这些葡萄糖分子又像下课的孩子们一样在操场上疯跑。

完成这项重要工作的 α-淀粉酶也存在于我们的唾液之中。如果咀嚼淀粉的时间足够长，我们就给了 α-淀粉酶工作所需要的时间。这个分解过程发生在口腔，被我们尝了出来。这就是这项实验的神奇之处。

水果

和面包不同，水果一开始尝起来就是甜的。这是因为水果已经含有一些没有被连接起来的甜甜的葡萄糖分子。另外，水果中还含有果糖，果糖比葡萄糖更甜。水果中还有蔗糖——葡萄糖和果糖的组合糖，蔗糖虽然没有果糖甜，但是比葡萄糖要稍甜一些。

水果中的葡萄糖可以被身体直接吸收利用，不需要再次分解。蔗糖确实需要被分解，有一种酶可以将蔗糖分解成葡萄糖和果糖，但是所需的时间极短，只要 1 纳秒（十亿分之一秒）。

果糖的情况则要复杂一些。我们吃下果糖后，其中的一部分会在小肠被再次转化成葡萄糖，另一部分则继续以果糖的形式存在。果糖和葡萄糖都能够通过肠壁细胞进入我们的血液。在之后的章节中我会进行讲解，现在我希望大家记住的是，葡萄糖是我们身体所需的燃料，但果糖不是。现在的状况是，我们吃了很多不必要的果糖，因为我们吃了太多的蔗糖（一份蔗糖中的一半是葡萄糖，另外一半是果糖）。

那么纤维呢？纤维有着特殊的命运。

纤维

酶的作用是断开淀粉和蔗糖中的连接，但是，没有任何酶可以断开纤维中的连接。也就是说，纤维不能重新变回葡萄糖。这就是为什么我们吃了纤维之后，纤维仍然是纤维。

纤维会从胃到小肠，再到大肠。这很好。尽管纤维不能转化为葡萄糖，不能为细胞提供能量，但是，纤维是我们饮食中必不可少的物质，在帮助消化、保持健康的肠道运动、维持微生物健康等方面发挥着非常重要的作用（见图 1-7）。

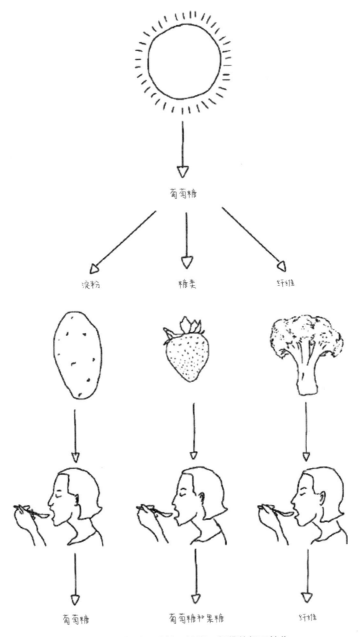

图 1-7　葡萄糖和淀粉、糖类、纤维的相互转化

　　除了纤维，我们吃的植物的任何部位都会在消化过程中被分解成葡萄糖和（或）果糖，而纤维则会被我们直接排出体外。

同一个父母，四个兄弟姐妹

淀粉、纤维、果糖和蔗糖就像四个性格不同的兄弟姐妹。不管它们怎样争吵，也不管它们看起来差异多大，我们都无法忽视它们是相关的这一事实，因为它们有着共同的父母——葡萄糖。

哪怕给它们一个家族名字，都很合理。1969 年，几位科学家联名发表了一篇长达 20 页的论文《碳水化合物命名法的暂定规则》（*Tentative Rules for Carbohydrate Nomenclature*），并将论文呈交给了科学界。在那之后，人们接受了这个家族的名字——碳水化合物。那么，为什么称它们为碳水化合物呢？因为它们是由碳（含碳化合物）和水（水合物）结合而成的，这也是在光合作用中发生的事情。

碳水化合物 = 淀粉 + 纤维 + 糖类（葡萄糖、果糖、蔗糖）

在碳水化合物家族（包括淀粉、纤维、葡萄糖、果糖和蔗糖等）中，科学家将其中最小的分子——葡萄糖、果糖和蔗糖，组成了一个亚组。我们称这个亚组为糖类。这里的糖类与我们常说的食用糖是不一样的，尽管它确实包含构成食用糖的分子，如蔗糖。"糖类"在这里是一个科学术语。

碳水化合物家族的成员在植物中以不同的比例存在。例如，西蓝花中有大量的纤维和少量淀粉，土豆中有大量的淀粉和少量纤维，而桃子中大部分都是糖类，只有少量纤维（我们可以注意到每种植物中至少会有少量纤维）。

但是，令人困惑的是，当人们谈论营养时，总是用"碳水化合物"或者"碳水"来描述淀粉和糖类，而不包括纤维。这是因为纤维不能像它的兄弟姐妹一样被人体吸收。我们可能听过一些说法，如"西蓝花中碳水化合物很少，大部分都是纤维"。根据科学命名法，正确的说法应该是"西蓝花含有大量的碳水化合物，其中大部分都是纤维"。

在本书中，我会继续按照惯例来叙述，因为这是我们在生活中最可能听到的说法。但是同时，我还是一如既往地希望大家能够了解科学！

当我说到"碳水化合物"或者"碳水"时，我指的是淀粉类食物（土豆、面食、米饭等）和含糖食物（水果、派和蛋糕等），而不是指蔬菜，因为蔬菜的成分大部分是纤维，只有少量是淀粉。并且，当我说到"糖"时，就像我们大多数人一样，我指的就是食用糖。

如果我们的饮食中没有葡萄糖会怎样

既然葡萄糖对生命如此重要，那么肉食动物又是如何生存的呢？毕竟，许多动物并不吃植物，如海豚，它们以鱼类、鱿鱼和水母等为食。还有一些人也不吃植物，因为他们生活的环境里没有水果和蔬菜，如俄罗斯冻原地带的人。

葡萄糖对我们的身体细胞特别重要，当确实无法从外界摄入葡萄糖时，身体还可以自己生成葡萄糖。

虽然人不能进行光合作用，不能通过空气、水和阳光生成葡萄糖，但是，身体可以通过食物来生成葡萄糖，如通过脂肪或蛋白质产生葡萄糖。肝脏则通过一种被称为糖原异生 [①] 的过程，来完成这一目标。

我们的身体甚至还能进一步地自我调节：当葡萄糖很少时，身体的很多细胞能够在必要时将脂肪作为能量。这就是代谢灵活性。（只能依赖葡萄糖的细胞是红细胞。）

---

① 糖原异生（gluconeogenesis）：一般指糖异生，是生物体将多种非糖物质转变成葡萄糖或糖原的过程。在哺乳动物中，肝是糖异生的主要器官。——译者注

事实上，一些饮食方法，如阿特金斯饮食法[①]和生酮饮食法[②]就是通过刻意限制碳水化合物的摄入量，让人体内的葡萄糖处于一个极低的水平，来刺激身体通过燃烧脂肪来提供能量。这种方法被称为营养酮症，也是代谢灵活性在实践中的应用。

所以，可以确认的是，碳水化合物在生物学上并不是必要的（我们不需要通过吃糖来维持生存）。但是，它们确实是快速获得能量的途径，也是人类饮食中的一道美味，并且已经被食用了数百万年。研究发现，人类的史前食谱中既包括动物，也包括植物：有植物时就吃植物，吃什么取决于他们在哪里生活。人类的饮食方式与周围的食物供给相适应。然而今天，我们的饮食方式似乎彻底脱离了大自然原来的计划。

[①] 阿特金斯饮食法（Atkins diet）：全称为阿特金斯健康饮食法，又称阿特金斯减肥法、低碳减肥法，也被称作食肉减肥法，是美国医生罗伯特·阿特金斯（Robert Atkins）创造的健康饮食方法。这种饮食方法要求完全拒绝摄入碳水化合物，更多摄入高蛋白的食品，即不吃任何淀粉类、高糖分的食品，多吃肉类、鱼。通过控制碳水化合物的摄入量，将人体消耗碳水化合物的代谢模式转化成以消耗脂肪为主的代谢模式。——译者注

[②] 生酮饮食法（ketogenic diet）：通常是指在医学监督下，摄取极少碳水化合物的饮食方法。其中，膳食脂肪与膳食蛋白质和碳水化合物的比例为 4：1 或 3：1。——译者注

寻求快乐
为什么我们比原来吃了更多的葡萄糖

大自然希望我们摄入葡萄糖的方式

大自然希望我们能够通过一种特定的渠道来摄入葡萄糖：植物。在植物中，哪里有淀粉或者"糖"，哪里就会有纤维。这是非常重要的，因为纤维能够帮助人体减缓吸收葡萄糖的速度。在第三部分中，我们会学习如何利用这一点造福自身。

今天，在超市货架上的绝大多数产品的主要成分都是淀粉和糖类。从白面包到冰激凌、糖果、果汁，再到甜甜的酸奶，纤维无处可寻。而所有这一切都是人类有意为之：在食品加工制作的过程中，纤维通常会被去除，因为纤维的存在使长时间保存食物成为难题。

让我以草莓为例来做解释。我必须承认，草莓在制作过程中受到了损害。将一颗新鲜的草莓放在冰箱中冷冻一个晚上，然后在第二天早晨将草莓取出并解冻。如果去吃这个草莓，我们会发现草莓变成了一团糊状物。为什么会这样呢？因为草莓中的纤维在冷冻和解冻的过程中被破坏了，变成了小碎块。纤维仍然存在（并且仍然对健康有益），但是口感却与原来大不一样了（见图 1-8）。

新鲜的草莓　　　　　　冷冻一晚之后再解冻的草莓

图 1-8　新鲜草莓和解冻之后的草莓对比

食品在加工过程中，其中的纤维通常会被去除，这样，食物就可以被冷冻、解冻，即使在货架上存放多年也会保持原有的口感。以白面粉为例，纤维存在于小麦胚芽和麸皮（小麦外皮）中，因此在面粉的生产过程中，小麦表皮常会被去掉（见图 1-9）。

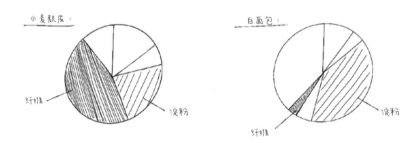

图 1-9　小麦麸皮和白面包成分对比

当植物中含淀粉的部分被加工成超市货架上的商品时，纤维已经被去除了。原本含有纤维的种子和根会变成主要成分是淀粉的面包或薯条（通常还会添加糖）。

为了使食品成为超市中受欢迎的品类，人们还对食品做了一些其他的处理——增加食品的甜度。食品加工的基础流程是，首先去掉纤维，然后再将淀粉和糖进行浓缩。

的确，当我们发现好东西时，总是倾向于物尽其用。新鲜玫瑰花的香味让我们身心愉悦，所以在香水行业，成千上万吨的玫瑰花瓣被蒸馏，然后被浓缩成精油，用瓶子装起来，以便我们随时随地使用。同样，食品行业也想提炼并浓缩自然界中最受欢迎的味道——甜味。

为什么我们这么爱吃甜的东西呢？这是因为从石器时代开始，甜味就是一种信号，提示食物不仅安全（没有既甜又有毒的食物），还能提供大量能量。在食物匮乏的年代，在其他人发现之前吃掉所有的水果是一种优势。所以，我们的身体进化出了一种机制，就是当尝到甜的东西时，我们会感到身心愉悦。在吃甜的东西时，一种被称为多巴胺的化学物质会刺激我们的大脑。我们在行房事、玩游戏、刷社交媒体、喝酒、抽烟时，身体分泌的都是同一种化学物质。所以，我们的欲望永远也无法得到彻底满足。

在2016年的一项研究中，研究人员在老鼠的环境仓里放置了一根操纵杆，这根操纵杆能激活它们的多巴胺神经元（这要多亏一个特殊的光学传感器）。研究人员发现了一个惊奇的现象：如果把设备放在那里让老鼠自己玩，它们会把所有的时间都用来按压操纵杆，一遍又一遍地激活它们的多巴胺神经元。这些老鼠甚至不再进食和饮水，直至死亡。这说明动物，包括人类，真的很喜欢多巴胺。而吃甜食是获得多巴胺最简单的方式。

一直以来，植物不断地将葡萄糖、果糖和蔗糖浓缩进它们的果实之中。直至几千年前，人类开始基于多种原因培育植物，而原因之一就是想要使植物的果实越来越甜（见图 1-10、图 1-11）。

再之后，人类通过煮沸甘蔗并使其汁液结晶，创造出了食用糖——100% 蔗糖。这款新产品在 18 世纪风靡世界。随着蔗糖需求的增长，奴隶制的残酷也在加剧：数百万的奴隶被带到潮湿的甘蔗种植园，种植甘蔗并生产食用糖。

(a) 原始香蕉

(b) 21 世纪的香蕉

图 1-10　不同时期的香蕉对比

原始香蕉是大自然的天然产物，富含纤维和少量的糖分。21 世纪的香蕉是经过几代人培育的产物，纤维减少了但糖分增加了。

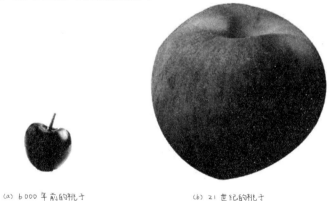

(a) 6000 年前的桃子

(b) 21 世纪的桃子

图 1-11　不同时期的桃子对比

我们今天吃的桃子比数千年前的要甜上数倍。

　　糖的来源随着时间的推移而发生改变，我们现在也可以从甜菜和玉米中提取蔗糖。但是不管是哪一种植物，提取出来并添加到加工食品中的蔗糖与水果中的蔗糖都是一样的。所不同的仅仅是蔗糖的浓度（见图 1-12）。

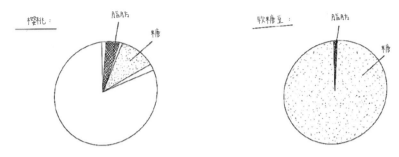

图 1-12　樱桃和软糖豆中的糖对比

樱桃和软糖豆中都含有糖。区别是，软糖豆中含有大量浓缩糖。

和之前相比，食物中糖的浓度越来越高，摄取也越来越方便。我们可以把番茄加工成番茄酱，且番茄酱中的糖分更高（见图 1-13）。

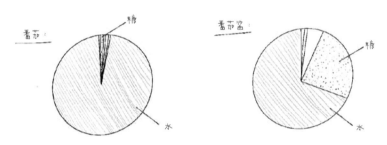

图 1-13　番茄和番茄酱中的糖对比

甜度加强版的番茄：番茄酱。

我们从史前时代食用应季的、富含纤维的水果，到 19 世纪吃极少的蔗糖（在当时，如果有人一生中吃过一个棒棒糖，就是非常幸运的了），再到今天每年消费超过 20 kg 的蔗糖。我们吃的糖越来越多，因为我们的大脑很难抑制对水果味道的渴望。甜味和多巴胺让人觉得一切都是值得的。

正如老鼠实验显示的那样，我们一定要明白：伸手去拿糖果不是我们的错。这不是意志力的问题——根本不是。而是因为久远而古老的进化过程告诉我们，吃彩虹糖才是正确的选择。

美国创作型女歌手雪儿·克罗（Shery Crow）在歌中唱道：如果有件事让你感到快乐，"那么就不会那么糟糕"。我们需要葡萄糖才能生存，葡萄糖也能给我们带来快乐。所以，我们很正常地就会想：糖吃多了有什么大不了的？

在某些情况下，更多也不一定就会更好。给一株植物浇太多的水，植物会被淹死；给人提供太多的氧气，人也会因醉氧而晕倒。同样，适量的葡萄糖对我们来说刚刚好：让我们感觉很棒、蹦蹦跳跳、去工作、和他人一起玩、去生活、去感受欢笑和爱。但是，我们也可能摄入过多的葡萄糖，而太多的葡萄糖会伤害到我们。可惜的是，我们在大多时候都意识不到这一点。

皮肤之下
发现葡萄糖峰值

数百万人都在吃的类似早餐

很久之前，那时候我还不知道葡萄糖，每天早晨上学前我都会吃一个巧克力酱可丽饼①。我会在上学前20分钟醒来，穿上T恤衫和牛仔裤，总忘了梳头，然后去厨房，从冰箱拿出可丽饼的饼坯，在热的平底锅上放一片黄油，将可丽饼的饼坯放入锅中，转一转，翻面，然后盛到盘子中，涂上巧克力酱，再叠一下就可以吃了。我会和妈妈说再见，那时妈妈正在享用她自己的早餐：一碗谷物粥、一杯加糖的牛奶和一杯橙汁。

数百万人都在吃着类似的早餐。餐桌上展示的都是一些很酷的技术。对于我来说：小麦磨成了面粉，蔗糖、榛子、棕榈油和可可粉混合成了巧克力酱。对我的妈妈来说：玉米膨化后又变成了薄片；甜菜被压成泥，然后甜菜汁被挤出，再经过干燥，被制成蔗糖；橙子被挤成果汁，变成主要由葡萄糖和果糖组成的液

---

① 可丽饼（crepes）：一种比薄烤饼更薄的煎饼，用小麦粉制作而成，是很流行的一种美食。——译者注

体。所有这些浓缩的糖类尝起来都非常甜。我们所有的味蕾都享受这样的狂欢。

淀粉和糖类在被我们吃下之后会变成葡萄糖。它们会经过胃，进入我们的小肠。在那里，葡萄糖会通过肠道上壁细胞，进入我们的血液。从毛细血管到微小血管，再到更大更粗的血管，葡萄糖就像通过匝道进入了高速公路。

当医生测量我们体内的葡萄糖含量时，通常会通过抽血来检测血液中的葡萄糖浓度。但是，葡萄糖不只存在于血液中。它渗透到了我们身体的各个部位。这就是为什么动态血糖仪能够在不抽血的情况下测量出身体的葡萄糖含量：动态血糖仪可以感应到我们手臂外侧脂肪细胞之间的葡萄糖浓度。

为了量化葡萄糖浓度，我们使用毫克每分升作为单位，写作 mg/dL。有些国家使用摩尔每升（mol/L）。不管使用哪种单位，它们反映的都是同一个指标：有多少葡萄糖在体内自由移动。

美国糖尿病协会指出，基线浓度，即我们在早晨吃饭前的空腹血糖，在 60 ～ 100 mg/dL 为"正常"，在 100 ～ 126 mg/dL 为糖尿病前期，超过 126 mg/dL 为糖尿病。

但是，美国糖尿病协会给出的"正常"并不是最佳状态。早期研究表明，空腹血糖的最佳范围为 72 ～ 85 mg/dL。这是因为空腹血糖在 85 mg/dL 及以上时身体更容易出现健康问题。

另外，尽管空腹血糖可以告诉我们是否有患糖尿病的风险，但我们要考虑的不只是它。即使我们的空腹血糖处于"最佳范围"，我们也可能在一天之中经历葡萄糖峰值变化。葡萄糖峰值变化涉及我们在吃饭后葡萄糖的快速上升和下降，这对我们非常有害。后面我会详细介绍。

美国糖尿病协会称人体血糖水平在餐后不应该超过 140 mg/dL。但同样的，这是"正常情况"，而不是最优情况。针对非糖尿病患者的研究给出了更准确的信息：我们应该努力避免餐后葡萄糖水平升高超过 30 mg/dL。所以，在本书中，我将葡萄糖峰值定义为餐后体内的血糖升高在 30 mg/dL 以上。

不管空腹血糖的数值是多少，我们的目标是避免出现峰值，因为由峰值引起的变异才是最大的问题。正是多年来日复一日的葡萄糖峰值使我们的空腹血糖水平慢慢升高，可只有当血糖水平达到了糖尿病前期的标准，我们才会有所察觉，而到那时，身体早已受到了损伤。

每天早晨，我妈妈的早餐都会造成其体内的葡萄糖峰值超过 80 mg/dL，使她的空腹血糖从 100 mg/dL 一直升高到餐后的 180 mg/dL！这个增量远高于 30 mg/dL，而餐后血糖也远高于美国糖尿病协会定义的"正常"峰值：140 mg/dL（见图 1-14）。

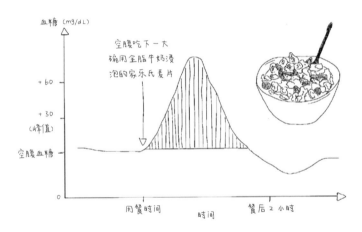

图 1-14　空腹吃下一大碗用全脂牛奶浸泡的家乐氏麦片后的血糖曲线

一直以来都被认为是健康的、用传统谷物制作的早餐，其实会使我们的葡萄糖峰值先超出健康范围，然后再迅速下降。

随着时间的推移，我们将测量出来的体内的血糖浓度数据绘制出来，就形成了一条血糖曲线。例如，观察我过去一周的血糖水平，如果我经历了很多次葡萄糖峰值，那么这条曲线波动就会比较明显；如果我的葡萄糖峰值出现次数较少，那么这条曲线会相对平稳（见图 1-15 和图 1-16）。

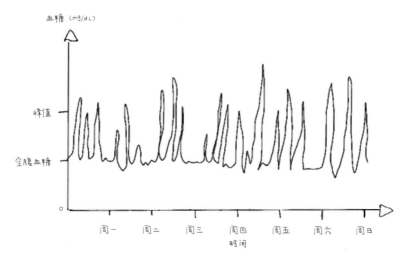

图 1-15　一周内血糖曲线波动明显

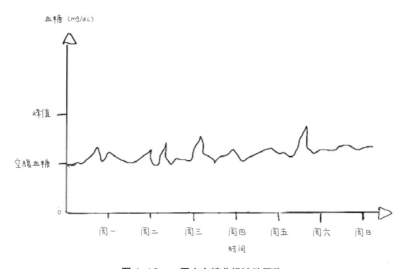

图 1-16　一周内血糖曲线波动平稳

　　我建议大家尽量使自己的血糖曲线变得平稳，这就是说，随着时间的推移，我们会看到越来越少并且越来越小的葡萄糖峰值。换个说法，使血糖曲线平稳化的方式就是降低血糖水平的变化幅度。我们的血糖水平变化越小，健康状况就会越好。图 1-17 和图 1-18 所示分别为吃年糕和吃黑面包后的血糖波动情况。

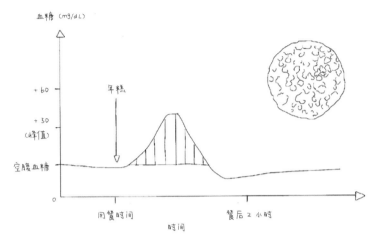

图 1-17　吃年糕后的血糖曲线

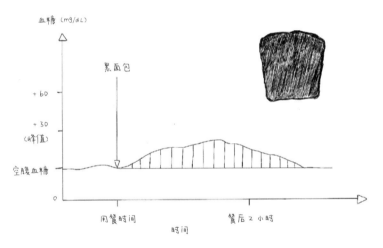

图 1-18　吃黑面包后的血糖曲线

我们甚至不需要运用任何数学知识就可以对图 1-17 和图 1-18 所示的两条曲线进行比较。显然，峰值明显、波动大的那条曲线（吃了年糕的）对我们的健康更不利。

有些葡萄糖峰值会比另外一些更糟糕

图 1-19 和图 1-20 中的血糖曲线看起来几乎完全一样，但其实，吃其中一种食物比另一种食物对身体的伤害要更大一些。你能猜出来是哪一种吗？

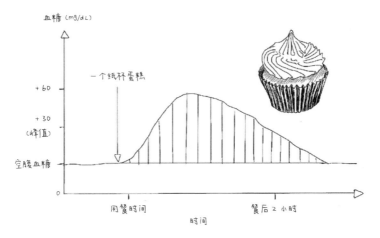

图 1-19　吃纸杯蛋糕后的血糖曲线

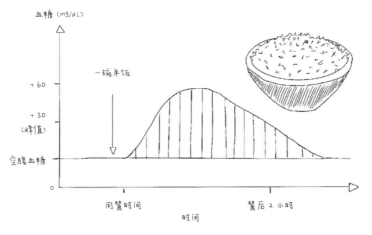

图 1-20　吃米饭后的血糖曲线

　　吃甜食（如纸杯蛋糕）所引起的葡萄糖峰值比吃淀粉类食物（如米饭）所引起的峰值对我们的身体健康更为不利。不过，这与我们测量的血糖水平无关，而是由另一种看不见的分子造成的。

　　甜食中含有食用糖，或者叫蔗糖。蔗糖是一种双糖，由葡萄糖和果糖缩合脱水形成。蔗糖分解后会产生葡萄糖和果糖。淀粉类食物则不会产生果糖。所以，每当我们吃了甜食并出现葡萄糖峰值的时候，都会有相应的果糖峰值出现。遗憾的是，果糖峰值我们看不到。动态血糖仪只能监测葡萄糖的浓度，无法监测果糖的浓度，并且目前还没有研发出动态果糖检测仪。

在研发出动态果糖检测仪之前，请大家记住，如果我们吃的是甜食，那么甜食在造成葡萄糖峰值的同时，也会造成看不见的果糖峰值，因此甜食导致的葡萄糖峰值对身体造成的伤害比淀粉类食物导致的葡萄糖峰值更大。

为什么葡萄糖峰值对我们的身体有害？为什么果糖峰值对身体的伤害更大？它们在我们的体内都做了什么？放轻松，在第二部分中我们将学会这些，让自己更好地倾听身体的语言。

GLUCOSE REVOLUTION

The Life-Changing Power
of Balancing Your Blood Sugar

第二部分

出现葡萄糖峰值有哪些危害

未来，全球有 3/5 的人
将会死于炎症引发的相关疾病。
所幸，降低葡萄糖峰值
可以预防炎症的产生，
继而降低患炎症类疾病的风险。

GLUCOSE
REVOLUTION

The Life-Changing Power
of Balancing Your Blood Sugar

6

火车、面包和俄罗斯方块

葡萄糖峰值出现时体内发生的三大变化

人体是由超过 30 万亿个细胞组成的。当我们的身体出现葡萄糖峰值时，每个细胞都可以感知到。葡萄糖一旦进入细胞，它的首要生物学目标就是将自己转化为能量，而负责这项任务的是一种被称为线粒体的微型细胞器（见图 2-1）。

图 2-1　细胞中的线粒体

一个健康的细胞含有数以千计的功能性线粒体。

我们呼吸空气，吸入氧气。线粒体利用氧气将葡萄糖转化为一种化学形式的能量，提供给每个细胞以满足其所需。当葡萄糖进入我们体内细胞的时候，它会直奔线粒体，完成转化。

火车为什么停下：自由基和氧化应激

为了更好地理解线粒体对到来的葡萄糖峰值的影响，我先讲述这样一个场景：我的祖父，在结束漫长的职业生涯之后，终于能够去实现他在蒸汽火车上工作的梦想了。家里的每个人都认为祖父疯了，但是祖父不在乎。在经过一段时间的培训后，祖父成了火车动力机舱的司炉。他将煤铲进火炉中，使蒸汽产生，进而推动活塞，使火车的车轮转动。我们可以将祖父想象为火车的"线粒体"。

火车一整天沿着轨道行驶。在此期间，煤会定期被运输到祖父那里。祖父将煤放到火炉边，然后匀速将煤铲进火炉中，为火车的前进提供燃料。这些煤就转化成了使火车前进的能量。当煤用完时，立刻会有一批新的煤被送来。就像这列火车一样，当提供的能量与所需的能量相匹配时，我们的细胞也会平稳地运转。

祖父参加新工作的第二天，在第一批煤被送过来几分钟之后，他突然听到有人敲门，是更多的煤被送到了。祖父想：好吧，今天的煤送得有点儿早。于是，祖父将这些煤放到火炉边。几分钟后，又有敲门声，又有人送了更多的煤过来。一会儿又传来了敲门声……随着持续不断的敲门声，煤也源源不断地被运过来。"我不需要这么多煤！"祖父说。但是，祖父只是被告知他的工作是烧掉这些煤，并没有得到其他的解释。

一整天，人们送来了一批又一批的煤，多余的煤都堆在动力舱里。煤的供应已经远远超过需求。祖父添煤的速度已经不能再快了，煤在他的周围堆积如山。

火车的动力舱里已经到处都是煤炭，煤都堆到了天花板。祖父也累得几乎无法动弹。火车最后因为故障停运了，而这惹怒了很多人。这天结束之后，祖父辞职了，他的梦想破灭了。

说回我们的身体，如果我们提供的葡萄糖比线粒体需要的多时，线粒体也会和祖父有同样的感觉。细胞需要多少能量，线粒体便消耗多少葡萄糖。多余的葡萄糖消耗不掉。当我们出现葡萄糖峰值时，向细胞输送葡萄糖的速度就会过快。一下子传送太多，问题就会堆积起来。

根据最新的科学理论非稳态负荷模型，当我们的线粒体淹没在不必要的葡萄糖之中时，一种能产生严重后果的小分子就会被释放出来，那就是自由基（有些葡萄糖分子会转化为脂肪，稍后我会进行介绍）。葡萄糖峰值的出现会导致自由基产生，从而引发一系列危及身体的连锁反应。

自由基是一个大问题，因为它们会破坏接触到的任何东西。它们会随机捕捉并修改我们的遗传基因，引发有害的基因突变，甚至可能引发癌症。自由基使我们的细胞膜产生漏洞，使细胞功能失常（见图 2-2）。

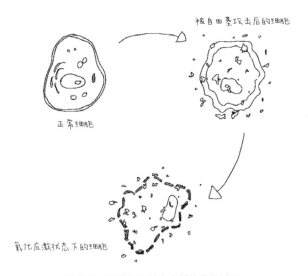

图 2-2　正常细胞被自由基攻击的过程

在正常情况下，我们的体内会有一定数量的自由基，并且我们可以处理这些自由基。但是，随着葡萄糖峰值的反复出现，产生的自由基的数量变得很难掌控。当有太多的自由基需要中和时，我们的身体就会处于一种氧化应激①状态。

氧化应激是导致心脏病、2型糖尿病、认知功能下降和一般性衰老的主要原因。另外，果糖比葡萄糖更容易造成氧化应激。这也是吃甜食（含有果糖）比吃淀粉类食物（不含果糖）对身体造成的伤害更大的原因之一。脂肪太多同样会增加氧化应激的情况。

数十年来，我们身体的细胞一直在被破坏。因为它们被葡萄糖塞满了，不堪重负，线粒体无法有效地将葡萄糖转化为能量，于是细胞开始"挨饿"，从而导致器官功能障碍。我们对此深有体会：尽管已经通过吃饭补充能量了，还是会感到疲惫；第二天早晨很难起床，并且一整天都没有精力。我们经常觉得很累。

当我们经历一个葡萄糖峰值之后，这种感觉会再来一次，并且更加难受。

为什么你像烤面包一样：糖化反应②与炎症

你可能会觉得吃惊，但是我们确实正在被"烘烤"。更确切地说，我们正在进行褐变，就像烤面包机里的一片吐司（见图2-3）。

从出生的那一刻起，我们的身体内部就开始进行褐变，尽管这一过程非常缓慢。科学家发现，婴儿胸腔的软骨是白色的，而年近90岁的人的软骨会变成褐色。1912年，一位名叫路易斯·卡米拉·美拉德（Louis Camille

---

① 氧化应激（oxidative stress，OS）：是指体内氧化与抗氧化作用失衡的一种状态，倾向于氧化。它可导致中性粒细胞炎性浸润，蛋白酶分泌量增加，大量氧化中间产物产生。氧化应激是由自由基在体内产生的一种负面作用，并被认为是导致衰老和疾病的一个重要因素。——译者注

② 糖化反应：是指人体内的糖分，如葡萄糖、乳糖、蔗糖等与蛋白质发生化合反应产生糖化终产物的过程。糖化终产物会随着年龄的增长在血清中聚集堆积，对皮肤造成不可逆的影响，会导致皮肤松弛，从而使皮肤出现长皱纹、变得粗糙、长痘、发黄、变得黯淡等现象。——译者注

Maillard）的法国科学家描述了这一现象，并用自己的名字为这一现象命名，人们称之为美拉德反应。

图 2-3　烤面包片的颜色变化

烤面包时，面包会随着烘烤时长慢慢变成褐色。我们的内脏也会像这样逐渐变成褐色。

美拉德发现：当一个葡萄糖分子与另一种类型的分子碰撞时，就会发生褐变。这会引起一种反应——第二个分子会被"糖化"。当一个分子被糖化后，这个分子就被破坏了。这个过程是生命中正常并且不可避免的一部分，是我们衰老的原因之一，也是我们的器官慢慢退化和我们最终走向死亡的原因之一。我们不能阻止这一过程，但是我们可以减缓或者加速它。

我们体内的葡萄糖越多，发生的糖化反应就越多。一旦一个细胞被糖化，那么，这个细胞就被永久损伤了，就像我们不可能只烤面包的一小块。细胞糖化的长期后果包括出现皱纹、白内障、心脏病和阿尔茨海默病等。既然褐变会造成老化，那么衰老就是褐变的结果，所以减缓体内的褐变反应就可以延长寿命。

果糖分子造成糖化反应的速度是葡萄糖分子的 10 倍，因此造成的损害也大得多。强调一下，这也是含糖的食物如饼干（含有果糖）引起的葡萄糖峰值会比淀粉类食物如意大利面（不含果糖）引起的葡萄糖峰值更快让我们衰老的原因。

葡萄糖水平和糖化反应联系得非常紧密，所以有一个非常简单的测量糖化情况的方法就是测量体内的葡萄糖水平。糖化血红蛋白（HbA1c）测试就是测量在过去的 2 ~ 3 个月，有多少红细胞的蛋白被糖化。糖化血红蛋白的水平越高，体内的美拉德反应发生得越频繁，参与循环的葡萄糖越多，衰老速度也就越快。

体内过多的自由基、氧化应激和糖化反应的结合会造成全身性炎症。炎症是一种保护措施，是身体在努力对抗入侵者。但是，慢性炎症对身体是有害的，因为它会攻击我们的身体。从表面看，我们看到的是发红和肿胀的现象，但是，在我们体内，组织和器官正在慢慢地受到损害。

饮酒、吸烟、压力、肠漏综合征和身体脂肪释放的物质也会造成炎症。慢性炎症会导致很多慢性疾病，如脑卒中、慢性呼吸系统疾病、心脏疾病、肝病、肥胖和糖尿病。世界卫生组织将炎症相关疾病称为人类健康最大的威胁。在全世界，有 3/5 的人将会因为炎症相关疾病去世。不过，好消息是，降低葡萄糖峰值的饮食方式将会减少炎症的发生，同时也会降低患炎症相关疾病的风险。

我们要探究的最后一个过程，可能是最令人惊讶的。这实际上是我们身体的一种防御机制，用来对抗葡萄糖峰值的防御机制，但同时，这种机制也会产生其相应的后果。

在俄罗斯方块游戏中活下去：胰岛素和脂肪堆积

将我们体内多余的葡萄糖尽快地排出体外，从而减少自由基和糖化反应，对身体正常运转非常重要。所以，在我们不知情的情况下，身体已经开始工作了，它在玩一种类似于俄罗斯方块的游戏（见图 2-4）。

图 2-4 正在被清除的葡萄糖峰值

俄罗斯方块？不，这是正在被清除的葡萄糖峰值。

在俄罗斯方块游戏中，玩家将方块排列成一排，以便在这些方块堆积前将其消除。这与我们体内的情况惊人地相似：当过多的葡萄糖进入时，我们的身体会尽最大努力将其储存起来。

身体的工作原理就是，当我们体内的葡萄糖水平升高时，胰腺就成了俄罗斯方块的玩家。胰腺的主要功能之一就是释放一种叫作胰岛素的激素。胰岛素的唯一作用就是将多余的葡萄糖存储在身体的存储单元中，使其脱离身体循环，保护我们不被伤害。如果没有胰岛素，我们就无法生存。1型糖尿病患者由于胰腺无法产生胰岛素，必须通过注射胰岛素来弥补这一缺陷。

胰岛素会将多余的葡萄糖存储在几个不同的存储单元中。第一个存储单元是肝脏。肝脏是非常重要的存储单元，因为血液流经消化系统，经过肠道，携带着新产生的葡萄糖，最终都会流经肝脏。

肝脏将葡萄糖转化为一种新的形态，我们称之为糖原。这个过程相当于植物将葡萄糖转化为淀粉。糖原其实是淀粉的"表亲"——由许多葡萄糖分子手拉手相互连接而成。如果过多的葡萄糖保持着原本的形态，就会引起氧化应激和糖化反应。但是，一旦葡萄糖转化为糖原，就不会造成损害。肝脏可以存储大概 100 g 糖原形态的葡萄糖（相当于 2 份大薯条中的葡萄糖含量）。这是我们的身体每天所需的能量来源——200 g 葡萄糖的一半。

第二个存储单元是我们的肌肉。肌肉是非常有效的存储单元，对于一个普通的体重为 70 kg 的成年人，其肌肉可以存储大约 400 g 糖原形态的葡萄糖，这相当于 7 份大薯条中的葡萄糖含量。虽然肝脏和肌肉是非常有效的存储单元，但是我们平时吃的葡萄糖实在是超过所需要的太多了，所以这些存储单元很快就存满了。如果没有其他的存储单元来储存多余的葡萄糖，我们的身体很快就无法再继续进行俄罗斯方块游戏。

思考一下：我们身上什么东西可以不费吹灰之力，只需我们坐在沙发上就能生长？那就是下面我要隆重介绍的脂肪储备了。

一旦我们的肝脏和肌肉中存满了葡萄糖，体内多余的葡萄糖就会转化为脂肪，成为我们的脂肪储备，这是让我们体重增加的原因之一。而且脂肪还有更多来源。因为我们的身体不仅要处理葡萄糖，还必须要处理果糖。但是，果糖不能够转化为糖原存储在肝脏或者肌肉中。果糖的唯一存储方式就是转化为脂肪（见图 2-5）。

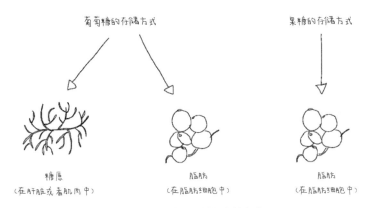

图 2-5 葡萄糖和果糖的存储方式

果糖产生的脂肪会导致我们的身体出现一些不好的情况：首先，脂肪在肝脏中积累，会导致非酒精性脂肪性肝病的发生。其次，在我们臀部、大腿、脸部和内脏之间的脂肪细胞被填满之后，我们就长胖了。最后，脂肪会进入血液，增加患心脏病的风险。我们可能听说过低密度脂蛋白①，它又被称为"坏"胆固醇，因为当它过量时，其中的胆固醇会在动脉壁上沉积，久而久之会造成动脉硬化。

这也是如果有两种相同热量的食物，我建议大家选择不含果糖的咸香美味食物，而不选择含有果糖的甜食的另一个原因。没有果糖意味着变成脂肪的分子会更少。

具有讽刺意味的是，许多"不含脂肪"的加工类食品往往含有很多的蔗糖，因此其中的果糖在我们消化之后就会变成脂肪。更多相关内容参见第三部分。

很多人对脂肪有着复杂的感情，但脂肪确实非常有用：身体通过脂肪储备为漂浮在血液中多余的葡萄糖和果糖提供存储空间。我们不应该为体脂增加而生气，相反，应该感谢脂肪保护我们免受氧化应激、糖化反应和炎症反应的伤害。我们能够产生的脂肪细胞的数量越多，体积越大（这通常是遗传因素导致的），受到的保护时间就会越长，就能更好地免受葡萄糖和果糖的伤害（但同时体重也会增加）。

再回过头来看胰岛素。就像我之前解释的那样，胰岛素在这个过程中至关重要，因为它有助于我们将多余的葡萄糖存储在肝脏、肌肉、脂肪细胞这三个"储存柜"之中（见图2-6）。

---

① 低密度脂蛋白（low-density lipoprotein，LDL）：全称为低密度脂蛋白胆固醇，是血脂检查中的一个指标，用比较通俗的话讲，是对身体不好的血脂。——译者注

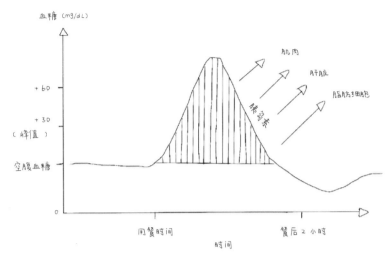

图 2-6 胰岛素对血糖的影响

餐后大约 60 分钟，我们体内的血糖浓度到达峰值，之后随着胰岛素的分泌，葡萄糖
分子被储存在我们的肝脏、肌肉和脂肪细胞中，血糖浓度开始下降。

胰岛素是非常有益的。但是，随着葡萄糖峰值出现次数的增多，我们体内分泌的胰岛素也会越来越多。而胰岛素过多是导致肥胖、2 型糖尿病、多囊卵巢综合征等疾病的根本原因。非常重要的一点是，在我们将自己的血糖曲线变平稳的同时，我们自身的胰岛素曲线也会自动地变平稳。

现在再想想我们对脂肪的复杂感情。脂肪很有用，但是，如果想要减肥，就非常有必要从细胞的角度去了解我们的体内正在发生什么，以及胰岛素是如何工作的。当我们说"我想减肥"时，实际上是想说"我想让自己的脂肪细胞像气球一样变小，我的腰围也一起变细"。为了做到这一点，我们需要开启"脂肪燃烧"模式。

就像杰瑞在晚上需要使用它的淀粉储备一样，当细胞中数以千计的线粒体需要葡萄糖的时候，身体也能够调用储存在我们的肝脏和肌肉中的糖原，将其转化为葡萄糖。接着，伴随糖原储备逐渐减少，身体就会使用脂肪细胞中的脂肪作为能量，这样我们就会处于脂肪燃烧模式，然后体重就下降了。

上述情况只有在我们的胰岛素处于低水平时才会发生。如果胰岛素水平过高，身体就会阻止脂肪燃烧：胰岛素使通往脂肪细胞的道路成为一条单行道，可以过去，但是不能回来。只有在葡萄糖峰值出现 2 小时后，胰岛素水平开始下降，我们才能再次燃烧现有的储备。

如果血糖水平和胰岛素水平一直保持稳定，则有利于我们减肥。2021 年，加拿大科学家做的一项针对 5 600 人的实验表明，体重减轻总是发生在胰岛素下降之后。

体内过多的葡萄糖，以及由此导致的葡萄糖峰值和谷值会使我们的身体在细胞层面发生改变。体重增加只是一个我们肉眼可见的症状，事实上还伴有更多症状的出现。不过，不管是哪种症状，只要我们的血糖曲线平稳，就都可以得到缓解。

从头到脚

葡萄糖峰值是如何让我们生病的

早些时候，一个深刻领悟促使我开始了对葡萄糖的研究：我当下的感觉与自身血糖曲线的峰值和谷值密切相关。

那天上午 11 点左右，正在工作的我感到昏昏欲睡，几乎无法移动手指来点击鼠标，专注于手头的工作更是完全不可能。在挣扎了很久之后，我站起来，走到茶水间给自己冲了一大杯黑咖啡。喝了一整杯咖啡后，我还是感到浑身无力。我观察了自己的血糖水平变化：自早餐吃了一片咸巧克力曲奇饼干、喝了一杯加了脱脂牛奶的卡布奇诺咖啡之后，血糖水平先是经过一个高高的峰值，然后开始急剧下降。我感到很累的原因是，我的身体刚刚坐了一辆葡萄糖过山车（见图 2-7）。

随着对葡萄糖的了解越来越多，我发现有很多令人困扰的短期症状都跟葡萄糖峰值与谷值相关，并且症状因人而异。有些人会头晕、恶心、心悸、出汗、食欲旺盛和备感压力；有些人，比如我自己，会感到疲惫，出现"脑雾"。许多控糖女神社区的会员还会表现出情绪低落或焦虑的症状。

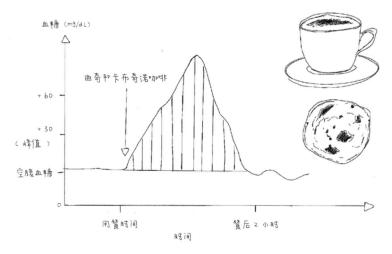

图 2-7　早餐后我的血糖曲线

葡萄糖水平的快速下降让我感到无精打采。

长期来看，葡萄糖峰值的形成过程会造成氧化应激、糖化、炎症和胰岛素过量反应，会导致多种慢性疾病，包括 2 型糖尿病、关节炎、抑郁症等的发生。

短期影响 1：持续的饥饿感

你是不是总是感到饥饿呢？并不只是你一个人有这种感觉。

第一，我们很多人都会在刚吃过饭后就感到饥饿，这同样与葡萄糖有关。将含有相同的热量，但种类不同的两餐进行比较，我们会发现，如果该餐引起的葡萄糖峰值比较小，那么这一餐会让我们有更长时间的饱腹感。所以，热量并非全部的问题所在（关于"热量"的更多内容见第三部分）。

第二，持续饥饿感是胰岛素水平较高的一种表现。如果葡萄糖峰值频繁出现，我们体内就会产生大量的胰岛素混合在其他激素之中。瘦素，是一种告诉我们"我们饱了，应该不用吃饭了"的激素。胰岛素水平过高会导致瘦素的信号被阻断。而胃促生长素，这种告诉我们"我们还很饿"的激素就会取而代之。尽管有脂肪储备，有大量可用的能量，身体依然会告诉我们还需要更多。所以，我们就会想要再吃东西。

而在我们吃东西后，更多的葡萄糖峰值就会随之出现，身体会分泌更多的胰岛素来将过量的葡萄糖转化为脂肪存储起来，这样又会加强胃促生长素的作用。我们体重增加得越多，就越会感到饿。这是一个不幸的、恶性的，也是不公平的循环。

如何改变这种现象？答案不是吃得少，而是要通过使我们的血糖曲线平稳化来降低我们的胰岛素水平，而这通常意味着要吃更多的食物，就像我们将在第三部分看到的那样。在第三部分，我们会听到玛丽的故事，她是社区的会员，她原来每2小时就要吃一次东西，现在连零食也不吃了。

短期影响2：食欲旺盛

2011年在耶鲁大学进行的一项实验，让我们对"食欲旺盛"的理解发生了改变。研究人员首先让招募来的受试者看屏幕上的食物图片，有沙拉、汉堡、曲奇和西蓝花，并通过磁共振成像（MRI）监测他们的大脑活动。然后用数字1～9来记录他们想吃东西的程度，其中1表示"一点儿也不想吃"，冲动程度依次增加，最大值9表示"非常想吃"。

在电脑端，除了观测受试者大脑的哪个部分会被激活，研究人员同时还监测了他们体内的血糖水平。他们发现，当受试者的血糖水平稳定时，他们的食欲并不旺盛。但是，当他们的葡萄糖水平开始下降时，会出现两种情况：

- 看到高热量的食物图片时，受试者大脑中控制食欲的中心会亮起来。
- 受试者想吃这些食物的程度明显高于其血糖水平稳定的时候。

你发现了吗？当血糖水平下降时，即使只下降了 20 mg/dL，低于我们在葡萄糖峰值发生时的 30 mg/dL，也会让我们特别想吃高热量的食物。

问题是，我们的葡萄糖水平总会下降，确切地说，是在到达葡萄糖峰值后总会降下来。并且，葡萄糖峰值越高，下降的幅度就会越大。这意味着胰岛素在发挥它的作用，将多余的葡萄糖储存在不同的存储单元中。但是这同时也意味着我们会更想吃块饼干或者汉堡，甚至两者都想吃。而血糖曲线的平稳化会让我们的食欲没那么旺盛。

短期影响 3：慢性疲劳

还记得祖父和他退休后的可怕经历吗？当车厢填满煤时，他被迫放弃了铲煤，然后火车停了。同样的事情也会发生在我们身体细胞中的线粒体上：太多的葡萄糖会使线粒体停止工作，然后能量生产就会受到影响，结果就是我们会感到疲惫不堪。

在健身车上所做的实验表明，患有先天性线粒体缺陷的人的锻炼时间通常只能达到正常人的一半。在我们的线粒体受到损伤后，哪怕只是抱起我们的孩子也会变得极具挑战性，搬运一些杂货会让我们精疲力竭，更别提像原来那样处理压力性事件（如裁员和分手）。那些让我们感到困难的事情，无论是身体上的还是精神上的，都需要线粒体产生能量来解决。

当吃到带甜味的东西时，我们会认为自己正在为身体获取能量，但这只是我们大脑中多巴胺激增造成的一种使我们感到兴奋的假象。每一次的葡萄糖峰值都会让我们的线粒体的长期功能受到损害。相对于那些产生平稳化血糖曲线的饮食方式，那些能够造成葡萄糖过山车的饮食方式会让我们感觉更加疲惫。

短期影响 4：糟糕的睡眠

血糖失调的一个常见症状是半夜突然惊醒，心脏怦怦直跳。通常情况下，这是血糖水平在半夜急剧下降导致的结果。绝经后的女性容易失眠和部分男性睡眠呼吸暂停也与他们喜欢在血糖处于高水平时，或刚经历葡萄糖峰值后立刻就寝有关。如果我们晚上想睡个好觉，那么就要让我们的血糖曲线平稳化。

短期影响 5：感冒和冠状病毒并发症

在经历一次葡萄糖峰值之后，我们的免疫系统会出现短暂故障。如果此时血糖水平仍在缓慢升高，那么我们基本不具备对病毒等入侵者的免疫能力了——我们会更容易遭到病毒感染。事实证明，此时，我们尤其容易感染冠状病毒。良好的代谢能力（另一种描述线粒体功能的表述方式）是我们在感染冠状病毒后能快速恢复的主要因素之一。事实已经表明，血糖水平高的人群更容易感染病毒，也更容易出现并发症，并且由感染病毒引发的死亡率是血糖水平正常人群的 2 倍多。

短期影响 6：更棘手的妊娠糖尿病

女性在怀孕期间胰岛素水平都会升高。这是因为胰岛素不仅可以促进胎儿生长，还可以促进女性乳房组织的生长，为其将来的哺乳做好准备。但是，这些额外分泌的胰岛素有时会导致胰岛素抵抗综合征，即身体不再对胰岛素做出反应。胰岛素水平升高后却不能帮助自身将过量的葡萄糖储存在三个存储单元之中，导致我们体内的血糖水平升高，这就是常说的妊娠糖尿病。对于准妈妈们来说，这是一段可怕的经历，随着预产期的临近，这种情况往往会更加糟糕。

但是，通过使血糖曲线平稳化，准妈妈们或许可以避免服药，还能控制胎儿出生时的体重。这是个好消息，因为这样会使分娩更顺利，也能使胎儿更健康。与此同时，这样做还能降低行剖宫产术的概率，并控制准妈妈在孕期的体重。我们在第三部分中将看到阿曼达是如何做到这些的。

短期影响 7：潮热和盗汗

更年期女性的激素水平会急剧下降，而这种变化会让她们感觉自己经历了一场"地震"：性欲减退、盗汗、失眠、潮热……

较高的或者不稳定的血糖水平和高胰岛素水平会让更年期变得更加糟糕。研究表明，潮热和盗汗是更年期常见症状，并且多见于血糖水平和胰岛素水平较高的女性。但是，2020 年哥伦比亚大学的一项研究发现，平稳的血糖曲线与更年期症状出现的时间有关，比如失眠。

短期影响 8：偏头痛

偏头痛是一种虚弱性疾病。有数据证明，患有胰岛素抵抗综合征的女性的偏头痛患病率是未患此病的女性的 2 倍。患者的胰岛素水平降低后，偏头痛的情况会有所好转：服用能够降低体内胰岛素水平的药物后，32 位患者中超过半数的人偏头痛发作频率明显降低。

短期影响 9：记忆和认知功能问题

如果我们正准备参加考试、结算账目或者想赢得一场激烈的辩论赛，那么一定要选对在开始这些事情之前所吃的食物。当我们打算补充能量时，往往会倾向于吃一些甜食，但是，这种选择会让我们的大脑反应变得迟钝。事实证明，过高的葡萄糖峰值会影响大脑的记忆力和认知功能。

在经历了一晚上的禁食之后，这种糟糕的影响在第二天早晨达到顶峰。多希望我更早知道这一点，之前我的早餐永远是巧克力酱可丽饼。如果我们在上午 9 点有一个会议，并且想在会上表现出色，那么就吃一份让自己的血糖曲线变平稳的早餐吧。详见第三部分的窍门 4。

短期影响 10：更难管理的 1 型糖尿病

1 型糖尿病是一种自身免疫性疾病，胰腺中控制胰岛素分泌的细胞不再工作，导致患者无法分泌胰岛素，因此无法控制血糖水平。

1 型糖尿病患者在经历葡萄糖峰值时，因为缺少胰岛素的帮助无法将多余的葡萄糖存储在三个存储容器之中。为了弥补这一点，患者需要每天多次注射胰岛素。然而，葡萄糖峰值和谷值是每天都要面对的、带来巨大压力的难题。通过使血糖曲线平稳化，1 型糖尿病患者的这个难题可以得到解决。许多事情都变得轻松了：锻炼时不用担心出现低血糖症（一种由低血糖引起的状况）了，也不用频繁地去厕所了（葡萄糖峰值的副作用），甚至情绪也可以得到改善。

适用于 1 型糖尿病患者的所有窍门都将在第三部分中提到（在窍门 10 中，我们会看到露西的故事，露西是一位 1 型糖尿病患者，通过使用这些窍门，她成功地使其血糖曲线变得平稳）。如果你是一位 1 型糖尿病患者，那么在你改变自己的饮食习惯前，一定要咨询医生，以确定是否需要调整所使用的胰岛素剂量。

长期危害 1：痤疮和其他皮肤问题

你可能会因为自己在高中时期不知道这些知识而遗憾万分：淀粉和含糖食物会引起连锁反应，表现为身上和脸上长粉刺，以及皮肤泛红。这是因为许多皮肤问题（包括湿疹和牛皮癣）都是由炎症引起的，而正如我们刚刚学到的，炎症是由葡萄糖峰值引发的。

在我们选择能够使血糖曲线平稳化的饮食方式后，粉刺自然会减少，痘痘会变小，炎症也会减轻。一项针对 15 ～ 25 岁男性群体的研究表明，与导致葡萄糖峰值的饮食方式相比，使血糖曲线平稳化的饮食方式能够明显降低粉刺的发生概率。有趣的是，即使没有减少其他已知的能够导致粉刺产生的食物（如奶制品）的摄入量，这种饮食方式也会使粉刺症状得以缓解。

长期危害 2：衰老与关节炎

葡萄糖峰值出现得越频繁，衰老速度越快。到 60 岁时，我们的葡萄糖峰值出现的次数会因为饮食习惯不同而与隔壁邻居相差成千上万倍。这不仅会影响我们的外表年龄，还会影响我们的内在年龄。

糖化、自由基过多以及随之而来的炎症会使我们的细胞功能缓慢退化，我们称之为衰老。自由基还会破坏胶原蛋白——一种存在于许多身体组织中的蛋白质，这种破坏会导致皮肤松弛、皱纹产生，并引发关节炎和软骨退化。这让我们的骨头变得脆弱，引起关节疼痛，导致我们再也不能去公园跑步。

如果一个细胞中有太多的自由基或受到的损伤过于严重，那么这个细胞就会让自己死亡以避免更多的伤害。但是，这样做也会存在一些问题。当细胞大量死亡时，我们身体的部分机能就会退化：骨骼萎缩、免疫功能变差、心脏的泵血功能减退，以及出现一些神经退行性疾病，如阿尔茨海默病和帕金森病。因此，保持血糖曲线平稳，辅以锻炼和减少压力控制，才是抗衰老的有效方法。

长期危害 3：阿尔茨海默病与痴呆

在所有的器官中，大脑消耗的能量最多。大脑中有大量的线粒体，因此，当我们体内的葡萄糖含量过多时，大脑最容易受到影响。像其他细胞一样，大脑的神经元会感受到氧化应激，而频繁出现葡萄糖峰值会增加氧化应激，继而导致神经炎症，最终造成认知功能障碍。最重要的是，慢性炎症几乎是所有慢性退行性疾病的关键诱因。

阿尔茨海默病与血糖水平密切相关，因此也被称为 3 型糖尿病或大脑中的糖尿病。2 型糖尿病患者患阿尔茨海默病的概率是非糖尿病患者的 4 倍，早期的症状也更明显：无法控制血糖水平的 2 型糖尿病患者，记忆和学习能力也相对更差。

和上面提到的其他症状一样，认知能力下降也是可逆的。越来越多的研究表明，当患者选择可以使血糖曲线比较平稳的饮食方式后，他们的记忆和认知能力会得到短期乃至长期的提升。加州大学洛杉矶分校的一项治疗项目发现，仅仅坚持 3 个月的使血糖曲线平稳化的饮食方式，一些因为认知功能障碍不得不离开工作岗位的人们就可以重返岗位，工作表现甚至比原来更好。

长期危害 4：患癌症的风险加大

生活在当下的人一生中患癌的概率达 50%，不良的饮食习惯和吸烟是主要诱因。研究证明，癌症可能始于自由基导致的基因突变，炎症促使癌细胞繁殖，而体内的胰岛素越多，癌症扩散得越快。葡萄糖是这许多过程中的关键因素，有数据显示，那些空腹血糖高于 100 mg/dL 的人，也就是那些糖尿病前期患者，死于癌症的可能性超过正常人的 2 倍。因此，使血糖曲线和胰岛素曲线平稳是预防癌症发生的重要一步。

长期危害 5：精神障碍

当大脑出现问题时，它不会像其他器官用疼痛来提醒我们。不过，我们会表现出某些精神障碍，如情绪低落。

饮食造成血糖水平不稳定的人，与那些食用相似的食物但血糖水平更稳定的人相比，前者的情绪会更糟糕，会出现更多的抑郁症状和更多的情绪障碍。并且，随着血糖水平越来越接近峰值，这些症状会愈演愈烈，所以任何能够使血糖曲线平稳化的努力，哪怕只是一点点的努力，都有助于让人们感觉更好。

长期危害 6：肠道问题

我们的肠道将食物加工处理、分解成分子，然后吸收进血液或者排出体外。因此，肠漏、肠易激综合征和小肠蠕动慢等肠道问题都与饮食有关，也就不足为奇了。葡萄糖峰值和特定的消化问题之间的联系仍在研究之中，但是，似乎较高的血糖水平会加重肠漏综合征的症状。炎症作为葡萄糖峰值引起的结果之一，会造成肠壁细胞产生漏洞，使那些本不应该通过的有毒物质通过（这就是肠漏出现的原因），从而导致食物过敏或者其他免疫性疾病，如克罗恩病和类风湿性关节炎。

好消息是，采用控糖饮食的人能够很快摆脱胃灼热和胃酸反流症状，有时在一天内症状就会得到改善。更重要的是，我们发现肠道健康与心理健康有关，有害的微生菌群会导致人的情绪持续低落。肠道和大脑通过5亿个神经元相连（这个数字看起来很惊人，但是大脑中含有高达1 000亿个神经元）。信息在它们之间实时传递，这可能就是饮食习惯及其引发的葡萄糖峰值会影响情绪的原因。

长期危害7：心脏病

当我们谈论心脏病时，胆固醇往往是核心话题，然而这种观点正在被改变。事实上，心脏病患者中过半数的人的胆固醇水平是正常的。最新研究发现，引起心脏病的是一种名为 β 型低密度脂蛋白的特殊类型的胆固醇，而非笼统的"胆固醇过高"问题。科学家还发现它与葡萄糖、果糖和胰岛素有关。

血管的内壁是由细胞构成的。这些细胞很容易在线粒体的压力下受伤，并在葡萄糖以及果糖峰值下发生氧化应激，继而失去其光滑的表面，导致血管内壁变得凹凸不平。脂肪颗粒因此更容易黏附在血管内壁上面。而心脏病就始于斑块在血管内壁的积累。

当我们体内的胰岛素水平过高时，肝脏就开始产生 β 型低密度脂蛋白。这是一种小而密集的胆固醇，可以沿着血管壁爬行，很容易黏附在血管壁上。若我们体内葡萄糖、果糖和胰岛素的含量过高，该类型胆固醇就会被氧化，然后沉积到我们的血管内壁上。斑块开始形成并阻碍血液流动，这就是心脏病的起因。葡萄糖峰值会促进这三个过程的进行。这就能解释为什么科学家发现尽管我们的空腹血糖是正常的，但是每多出现一次葡萄糖峰值，我们死于心脏病的风险就会增加一些。为了保护心脏，我们应该使葡萄糖、果糖和胰岛素曲线平稳化。

90% 的医生会通过测量低密度脂蛋白的总含量来诊断心脏病，如果总含量过高，医生会给患者开他汀类的降胆固醇药物。但其实，影响最大的是 β 型低密度脂蛋白的含量和炎症。糟糕的是，他汀类的降胆固醇药物只能减少 α 型低密度脂蛋白，并不能减少导致问题产生的 β 型低密度脂蛋白。

这里再次强调，我们体内的葡萄糖和果糖，以及因为上述两者含量过高引起的炎症，才是我们了解心脏病的关键。医生可以通过观察甘油三酯与高密度脂蛋白的比率（反映人体内的 β 型低密度脂蛋白的存在情况）和C-反应蛋白（反映人体内的炎症水平）来较准确地判断我们患心脏病的风险。

甘油三酯在我们体内会转变为 β 型低密度脂蛋白，通过测量甘油三酯的含量能够预测体内 β 型低密度脂蛋白的含量。将甘油三酯的含量（mg/dL）除以高密度脂蛋白的含量（mg/dL），得到的比率在预测低密度脂蛋白的含量方面相当准确。通常，该比率小于 2 是比较理想的。如果该比率大于 2，说明身体可能出现问题了。同时，因为炎症是心脏病的一个关键因素，所以测量C-反应蛋白的含量（会随着炎症的严重程度而增加）比测量胆固醇的含量能够更好地判断心脏病的发生可能性。

长期危害 8：不孕症和多囊卵巢综合征

科学家最近发现，胰岛素水平和生殖健康密切相关。大脑与生殖器官通过胰岛素水平这个指标的高低来判断我们的身体是否具备理想的受孕环境。胰岛素水平高的男性和女性更容易患不孕症，如果胰岛素紊乱，身体就不易受孕，同时提醒我们自己的身体不是很健康。饮食习惯引发的葡萄糖峰值出现得越频繁，胰岛素水平就会越高，人也就更容易患上不孕症。

对于女性来说，多囊卵巢综合征是导致其患不孕症的主要原因。该病征是一种由胰岛素过多引起的疾病，胰岛素水平越高，症状越明显。每 8 位女性中就有 1 位患多囊卵巢综合征，患有此病的部分女性卵巢甚至会被囊肿所拖累而不再产生卵子。

这是为什么呢？因为胰岛素会刺激卵巢分泌更多的雄激素。最重要的是，胰岛素水平过高，会阻碍从雄激素到雌激素的自然转换，这就会导致体内存有更多的雄激素。而过量的雄激素，会让患上多囊卵巢综合征的女性表现出男性特征，如不该长毛发的地方长出毛发（如下巴）、出现秃顶、月经不规律或者停经、长出痤疮。卵巢也会保留和存储卵子，停止排卵。

不是每个胰岛素水平高的女性都会患上多囊卵巢综合征，但是所有病例证明，控制血糖水平都能够减轻甚至缓解症状。在第三部分中，我们将看到卡迪尔是如何摆脱多囊卵巢综合征的，她治好了自己的胰岛素抵抗综合征，并且通过本书中的窍门减掉了近 10 kg。杜克大学的一项研究表明，如果女性坚持使血糖曲线平稳化的饮食方式 6 个月，就可以使其体内的胰岛素水平降低一半，除此之外，她们的雄激素水平也会降低 25%。随着其体内的激素达到平衡，她们的体重会减轻，体毛也会减少，并且 12 名参与者中有 2 位在研究过程中怀孕了。

对男性来说，葡萄糖代谢异常也与不育症相关：葡萄糖水平的升高常常伴随着精子质量的下降（精子存活率低）和勃起功能障碍等。最新研究表明，40 岁以下男性的勃起功能障碍有可能是由未知的新陈代谢和葡萄糖代谢异常造成的。所以，备孕期间，使自己的血糖曲线平稳化非常重要。

长期危害 9：胰岛素抵抗综合征与 2 型糖尿病

2 型糖尿病是一种流行性疾病，全球大约有 5 亿人遭受该病的困扰，并且这一数字还在逐年上升。它是与血糖水平升高相关的最普遍的健康问题。为了更好地理解葡萄糖峰值是如何引发 2 型糖尿病的，以及我们该如何扭转这一局面，我先给大家分享一个我习惯喝浓咖啡的故事。

在伦敦上学期间，我发现自己每天的咖啡摄入量在持续增加。最初，我只会在早上喝一杯，几年后，我每天要喝 5 杯咖啡才能保持清醒。为了能够达到和之前一样的提神效果，我不得不增加咖啡因的摄入量。换句话说，我慢慢地对咖啡因产生了抵抗性。

胰岛素同样如此。当胰岛素水平长期处于高位时，我们的细胞就开始对胰岛素产生抵抗。胰岛素抵抗是造成 2 型糖尿病的根本原因：针对同样数量的葡萄糖，肝脏、肌肉和脂肪细胞却需要越来越多的胰岛素才能应对。最终，这个系统罢工了。尽管我们的胰腺分泌了越来越多的胰岛素，葡萄糖却不再以糖原或淀粉的形式储存起来。其结果就是我们体内的血糖水平升高了。随着胰岛素抵抗越来越严重，我们会从糖尿病前期（空腹血糖水平超过 100 mg/dL）转化为 2 型糖尿病（空腹血糖高于 126 mg/dL）。虽然过程缓慢，但可以肯定的是，多年以后，我们经受的每个葡萄糖峰值都会加重胰岛素抵抗并提高我们体内的血糖水平。

治疗 2 型糖尿病的常用方法就是给患者注射更多的胰岛素，迫使脂肪细胞这个最大的存储容器继续存储葡萄糖（这会使患者体重增加），使血糖水平暂时降下来。这会形成一个恶性循环，随着注射的胰岛素越来越多，患者会越来越胖，而胰岛素水平过高的根本问题却没有得到解决。注射额外的胰岛素在短期内能够帮助 2 型糖尿病患者控制血糖，但长期来看，却会使患者的病情恶化。更重要的是，我们知道 2 型糖尿病是一种炎症性疾病，而葡萄糖峰值会带来更多的炎症。

因此，降低血糖水平的饮食方式有助于逆转 2 型糖尿病。2021 年对 23 项临床试验的回顾表明，逆转 2 型糖尿病最有效的方法就是使我们的血糖曲线平稳化，这比低碳饮食方式和低脂肪饮食方式更有效，尽管这两种方式对 2 型糖尿病也有所帮助。在一项研究中，2 型糖尿病患者在改变其饮食方式并降低其葡萄糖峰值之后，其一天内需要注射的胰岛素的剂量减少了一半。如果您正在服药，那么在尝试使用本书的任何窍门之前，请先咨询您的医生。

2019 年，在这些能够改进 2 型糖尿病治疗效果以及令人信服的证据下，美国糖尿病协会开始认可血糖平稳化饮食。现在，我们知道，我们需要平稳化的血糖曲线来逆转 2 型糖尿病和胰岛素抵抗综合征。在第三部分，我们将学习如何在吃到喜爱的食物的同时做到这些。

长期危害 10：非酒精性脂肪性肝病

肝病曾经是那些长期酗酒的人才会得的疾病。到了 21 世纪，这种情况发生了改变。2000 年年末，尚在旧金山实习的内分泌学家罗伯特·卢斯蒂格（Robert Lustig）发现了一个惊人的事实：他的一些肝病初期患者并不是大量饮酒之人。事实上，这些患者中的很多人还不到 10 岁。

通过进一步研究，他发现过量的果糖和酒精一样，会造成肝脏疾病。为了使我们的身体远离果糖，我们的肝脏会将果糖转化为脂肪，以此来将果糖从血液中清除。但是，当我们不断地摄入高果糖的食物时，我们的肝脏自身就会变胖，从而导致肝病。同样，酒精也会造成这样的结果。

医学界将因吃高果糖的食物导致的肝病称为非酒精性脂肪性肝病或者非酒精性脂肪性肝炎。这种情况极其普遍，全世界有 25% 的成年人患有非酒精性脂肪性肝病。在超重的人群中，这种现象更为常见：大约有 70% 的超重者患有非酒精性脂肪性肝病。遗憾的是，这类疾病随着时间的推移会变得更加严重，最终会导致肝功能衰竭甚至肝癌。

扭转这类状况的办法就是让肝脏休息，消耗掉多余的脂肪储备。解决问题的办法就是降低果糖水平，防止出现更多的果糖峰值。如果我们正在使自身的血糖曲线变得平稳，那么果糖峰值出现的次数也会自然而然地减少，因为果糖和葡萄糖在食物中同时存在。

长期危害 11：皱纹和白内障

为什么有些人 60 岁看起来像 70 岁，而有些人 60 岁了看起来却像刚 45

岁？后者抗衰老的方法之一就是平稳自己的血糖曲线。

正如我在前面讲到的，葡萄糖峰值会引发糖化，而糖化会加速衰老，让我们看上去比实际年龄更老。胶原蛋白分子被糖化后活性就减弱了，而胶原蛋白是修复伤口所必需的，同时也是使皮肤、指甲和头发健康的必需品。胶原蛋白受损会使皮肤松弛，产生皱纹。糖化现象越严重，皮肤就变得越松弛，皱纹也就越多。虽然这听起来疯狂，但事实确实如此。

糖化可以发生在我们体内的任何地方，包括我们的眼睛。当眼睛发生糖化时，眼睛内的分子就会受到损伤，并聚集到一起。随着时间的推移，累积的糖化蛋白会阻挡光线，我们就会患上白内障。

我分享的所有科学知识，包括提到的研究，能够帮助我们接收身体的信号。花一些时间，研究一下吧。你感觉怎么样？有没有什么地方疼痛？哪些系统感觉迟钝？如果你可以做到每天醒来都活力满满，你是不是想尝试一下？

很有可能，你就是那些有过血糖失调经历的 88% 的成年人中的一员，遭受了我刚才所说的葡萄糖峰值带来的短期影响，甚至长期患疾病，而不自知。从皱纹到粉刺，从饥饿感到偏头痛，从抑郁到睡眠不良，从不孕不育到 2 型糖尿病，这些问题都是身体给我们的信号。好在，尽管这些问题普遍存在，但是，最近的研究表明，其中很多问题都是可逆的。

在第三部分中，我将向大家展示怎样启动这一进程。我们即将发现，饮食窍门将有助于我们平稳血糖曲线，让我们重新与自己的身体相连，逆转相关症状，同时，我们还可以吃到自己爱吃的食物。我希望这一天很快就会到来：我们早晨醒来，精力充沛。因为这就是贝尔纳黛特的经历，我们即将在下文中看到。

注意：如果你正在服药或者注射胰岛素，那么在尝试任何窍门之前，一定要咨询你的医生。这是非常重要的，因为这种方法可以很快使血糖曲线变得平稳，所以用药剂量可能需要调整。

GLUCOSE REVOLUTION

The Life-Changing Power of Balancing Your Blood Sugar

第三部分

轻松控糖的10个小窍门

按照科学的顺序进食，
不节食，不放弃自己喜欢的食物，
可将葡萄糖峰值降低 73%、
胰岛素峰值降低 48%。

窍门1
正确的饮食顺序

"我在 9 天内减掉了 2.3 kg。"贝尔纳黛特在一个阳光明媚的周二早晨对我说,"而我所做的仅仅是改变了进食顺序。"

很多时候,我们总是关注什么能吃和什么不能吃。但是,到底应该怎么吃呢?事实证明,进食顺序对血糖曲线同样有着很大的影响。

即使两顿餐食含有相同的食物(相同的营养成分和热量),但只要我们进食的顺序不同,两顿餐食对我们的身体产生的影响就会完全不同。当我查到证明这一观点的科学论文,尤其是康奈尔大学在 2015 年发表的一篇影响深远的论文时,我惊喜不已。论文表明:如果按照一定顺序来食用含有淀粉、纤维、糖、蛋白质和脂肪的食物,那么你不仅可以使自己的整体葡萄糖峰值下降73%,还可以使自己的胰岛素峰值下降48%。而且,不管你是否患有糖尿病,结果都是如此。

那么,正确的饮食顺序是什么呢?那就是,先吃纤维,然后吃蛋白质和脂肪,最后吃淀粉和糖类。研究人员发现,按该顺序进食产生的效果与降糖药物的治疗效果相当。2016 年，一项令人震惊的研究更明确地证明了这一发现：两组 2 型糖尿病患者接受了为期 8 周的标准化饮食，要求一组按照正确的饮食顺序进餐，而另一组可以按照自己喜欢的饮食顺序进餐。前一组的糖化血红蛋白水平显著降低，也就是说他们的 2 型糖尿病病情有所逆转。而按照自己喜欢的饮食顺序的一组，虽然他们所吃的食物和热量与第一组完全相同，但病情并没有得到改善。

这个令人惊讶的结果与消化系统的工作原理有关。为了更好地理解这个原理，我们可以把胃想象成一个盥洗盆，把小肠想象成盥洗盆下面的管道（见图 3-1）。

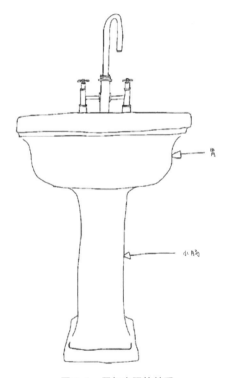

图 3-1　胃与小肠的关系

我们吃的所有食物都会进入这个盥洗盆，然后流入下面的管道。食物会在管道中被分解并被吸收到血液中。平均每分钟，大约有热量为 3 kcal（1 cal ≈ 4.2 J）的食物从胃进入小肠中。我们将这个过程称为胃排空。如果我们先吃淀粉类或者糖类食物，这些食物会很快进入我们的小肠（见图 3-2）。

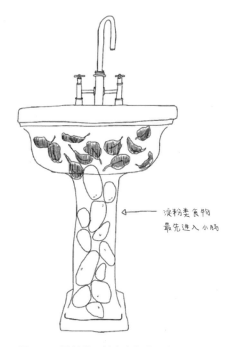

淀粉类食物
最先进入小肠

图 3-2　淀粉类和糖类食物进入小肠的顺序

当先吃淀粉类和糖类食物的时候，它们会持续不断地流入我们的小肠。

在小肠中，食物被分解成葡萄糖分子，然后迅速进入血液。这会造成血糖水平快速升高。我们吃的碳水化合物越多，吃得越快，就会出现越大的葡萄糖负载，从而导致越高的葡萄糖峰值。

假设餐盘上既有意大利面，又有蔬菜（如西蓝花，我非常喜欢吃西蓝花），而我们先吃的是意大利面，然后才吃西蓝花。因为意大利面是淀粉类食物，所以会被快速消化，迅速地转化为葡萄糖。西蓝花则会待在意大利面上方，等待进入小肠。

如果我们先吃西蓝花，然后吃意大利面，那么接下来就会发生大为不同的情况。西蓝花是一种蔬菜，含有丰富的纤维。我们知道，纤维不会被我们的消化系统分解为葡萄糖。纤维从胃进入小肠，再到被排出，过程十分缓慢，而且形态不变。但是，纤维的好处还不仅仅是这些，它还拥有三种超能力：

● 纤维会减弱 α - 淀粉酶的作用，这种酶能够将淀粉分解成葡萄糖分子。
● 纤维能够减缓胃的排空速度：当有纤维存在时，食物从胃进入小肠的速度会更慢。
● 纤维会在小肠内创造一个黏性的网状结构，而这种网状结构会使葡萄糖进入血液的速度变慢。

通过这种机制，纤维可以减缓任何在其之后进入消化系统的食物被分解和吸收的速度，使我们的血糖曲线平稳化（见图 3-3）。

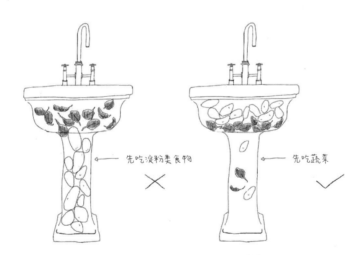

图 3-3　不同饮食顺序的结果比较

先吃蔬菜再吃淀粉类食物能够在很大程度上减缓葡萄糖进入血液的速度，从而降低由食物引起的葡萄糖峰值。

我们在吃过纤维之后再吃淀粉类和糖类食物，血糖对我们身体的影响都会减轻。这样，我们既可以享受到美食带来的快乐，身体又不会受到太大的影响。

现在我们来讨论一下蛋白质和脂肪。蛋白质广泛存在于肉类、鱼类、蛋类、奶制品、坚果和豆类中。含有蛋白质的食物通常也含有脂肪，同时，脂肪也可作为主要成分存在于黄油、油和牛油果中。

顺便说一句，脂肪有好坏之分，我们应该避免食用的坏脂肪多存在于氢化和精炼的食用油之中，如菜籽油、玉米油、棉花籽油、大豆油、葵花子油、葡萄籽油和米糠油。含有脂肪的食物也会减缓胃的排空速度，所以在吃淀粉类食物之前食用这些食物也有助于使我们的血糖曲线平稳化。

如果我们吃的是外卖食品，则先吃蔬菜、蛋白质、脂肪类食物，再吃淀粉类食物是最好的选择。对于完全相同的食物，如果先吃蔬菜，再吃淀粉类食物，则血糖曲线波动更平稳（见图3-4和图3-5）。

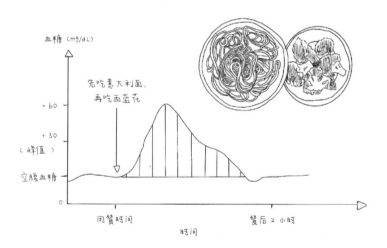

图 3-4　先吃意大利面，再吃西蓝花后的血糖曲线

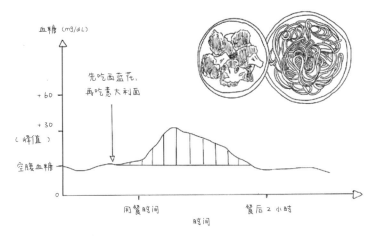

图 3-5 先吃西蓝花，再吃意大利面后的血糖曲线

这两餐含有完全相同的食物。但是，先吃蔬菜、再吃淀粉类食物让我们的血糖曲线变得更平稳了，葡萄糖峰值带来的副作用也更少。

为了更好地说明饮食顺序对葡萄糖峰值的影响，让我们用俄罗斯方块来类比。俄罗斯方块的下降速度越慢，我们越容易排列它们。如果我们按照正确的饮食顺序，即先吃蔬菜，然后吃蛋白质和脂肪，最后吃淀粉类食物，那么纤维就能在肠道形成网状结构，这种结构不仅能使食物进入消化系统的速度变慢，甚至还可以减少这些食物块的数量（见图 3-6）。葡萄糖进入血液的速度越慢，我们的血糖曲线就会越平稳，我们的身体就会感觉更好。我们可以吃和原来完全一样的食物，只是把淀粉类食物放到最后再吃，身体健康状况和精神健康状况便能得到很大的改善。

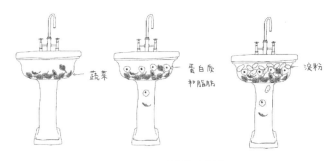

图 3-6 正确的饮食顺序

正确的饮食顺序为：先吃蔬菜，再吃蛋白质和脂肪，最后吃淀粉。

更重要的是，若我们按照正确的饮食顺序进餐，我们的胰腺产生的胰岛素就会更少。就像我在第二部分中讲到的那样，胰岛素减少有助于我们快速进入脂肪燃烧模式，从而产生很多的积极效果，其中就包括体重减轻。贝尔纳黛特就是按照正确的饮食顺序进餐的受益者。

贝尔纳黛特的控糖故事

贝尔纳黛特没有患糖尿病，她采纳这个方法是因为她想减肥。即使她的女性朋友曾经告诉她，绝经后是不可能减掉体重的，但她还是想让自己更苗条一些。贝尔纳黛特这几年原本已经放弃减肥了，也不再计算食物的热量。她曾经断断续续地尝试过断食减肥法，但都没有什么效果。

现在，贝尔纳黛特已经 57 岁了，她最烦恼的事情就是体力不佳。就像定时钟表一样，每天下午做一些日常事务的时候她都会感觉疲惫不堪。看到办公室、银行或者咖啡店的地板，她都会想要是能够躺在那里，美美地睡上一觉就好了。为了撑过这个下午，她会吃一点儿巧克力棒。但是，到了晚上该睡觉时，她又常常失眠，每天凌晨 4 点左右就会醒来。

贝尔纳黛特第一次接触葡萄糖峰值是在控糖女神的社交账号上。她也不清楚自己是否受到葡萄糖峰值的影响，但是她决定试试这个方法，看对自己是否有帮助。

第二天的午饭时间，当她在厨房看到平时制作三明治的原料时，她告诉自己要先吃蔬菜，然后吃蛋白质和脂肪，最后吃淀粉。于是，她没有把这些原料放在一起做成一个三明治，而是先吃沙拉和泡菜，然后吃金枪鱼，最后吃面包，用一种全新的方式吃了这个被分解的三明治。采用不同方式吃三明治，血糖波动情况是不同的（见图 3-7 和图 3-8）。

贝尔纳黛特有自己的饮食习惯，她的晚餐一般是牛排、蔬菜和意大利面。从那天开始，她先吃蔬菜和肉，最后吃意大利面。她从来没有改变自己的饭量，只是改变了饮食顺序。

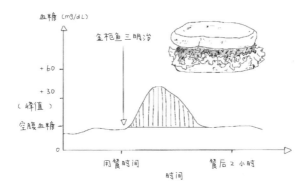

图 3-7　食用金枪鱼三明治后的血糖曲线

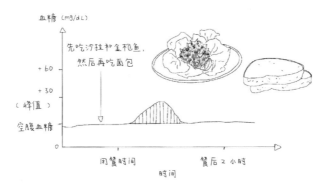

图 3-8　先吃蔬菜和金枪鱼，再吃面包后的血糖曲线

贝尔纳黛特将三明治分开来吃，成功地抑制了葡萄糖峰值的产生，摆脱了下午 3 点左右由葡萄糖骤降带来的困意。

第二天，几个月来她第一次感觉睡了个好觉，这令她非常吃惊。当她拿出手机查看时间的时候，已经是早上 7 点钟，比她平时醒来的时间晚了好几小时。我知道这听起来有点儿难以置信，因为贝尔纳黛特自己都觉得不可思议。她非常激动，将这件事坚持了下去，继续将三明治分开来吃，并且晚餐的时候最后吃意大利面。

三天后，她就不再想午睡了。她变得精力充沛，感觉身体比原来好多了。去超市的时候，她也没有像原来那样囤积巧克力棒，因为她觉得没有必要买了。"我感到自己得到了解放。"
她说。

> GLUCOSE REVOLUTION

尝试一下吧　当你坐下来准备吃饭时，先吃蔬菜和蛋白质，最后吃
淀粉。注意自己在这次饭后的感觉和之前有什么不
一样。

Q1 这是怎么回事呢？

在贝尔纳黛特改变她的饮食顺序之前，她经历了午餐后的葡萄糖水平飙升
的情况。她特别想小睡一会儿。她的大脑给她发出了一个善意的但并不正确的
警示：我们的能量不足，需要吃东西。于是，她找到了巧克力棒，然后立刻吃
了下去。巧克力棒使她的血糖水平迅速回升，之后又很快再次下降。这是一个
疯狂的过山车之旅。

当贝尔纳黛特改变她的饮食顺序后，出现的葡萄糖峰值会变小，所以血
糖水平下降的幅度也不会特别明显。下午，她就不会觉得那么饿，也不会那
么累。

她之所以不再那么饿，康奈尔大学的一个研究团队给出了科学的解释：如
果我们吃食物的顺序不对（先吃淀粉和糖类），胃促生长素，也就是我们的促
食欲激素会在餐后 2 小时就恢复到餐前水平。如果我们按照正确的饮食顺序
（最后吃淀粉和糖类），胃促生长素被抑制的时间会更长一些。他们并没有测
量饭后 3 小时的胃促生长素水平，但是从趋势上来看，我认为胃促生长素维
持在低水平五六个小时是很有可能的。

即使我们的餐盘上没有蔬菜，将肉和碳水化合物分开来吃，最后吃碳水化
合物，也有助于我们的身体健康。这么做之后，血糖曲线会明显变平稳，并且

体重增加、食欲旺盛、嗜睡的可能性会降低，血糖水平升高带来的长期的副作用也会减少（见图 3-9 和图 3-10）。

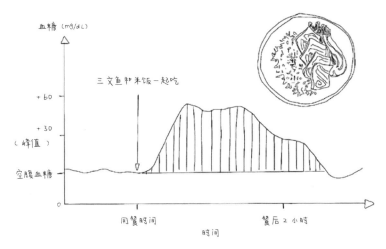

图 3-9　将三文鱼和米饭一起吃后的血糖曲线

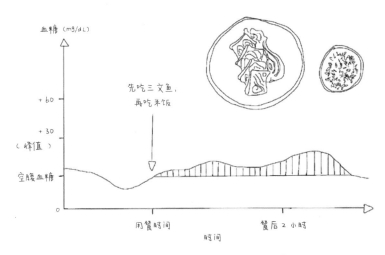

图 3-10　先吃三文鱼，再吃米饭后的血糖曲线

研究还表明，对于绝经后的女性，葡萄糖峰值降低的饮食会降低失眠的频率。更重要的是，良好的睡眠有助于我们做出更好的选择，也更容易让我们有

动力去做好自己的事情。贝尔纳黛特也有这种感觉，她甚至开始在下午散步。

这似乎是她尝试过的最简单的改变生活的方式，在做出这种改变的 9 天后，贝尔纳黛特发现她的牛仔裤变松了。接着她称了体重，让她惊讶的是她竟然瘦了 2.3 kg。在短短的时间里，她甚至不费吹灰之力就减掉了 2.3 kg，这几乎是她在更年期内增加的体重的 1/3。

记住，在我们身体的驾驶舱内，将葡萄糖杠杆推到正确的位置是我们能够做到的最有利的事。这种做法产生的结果往往令人惊讶，如出乎意料的体重减轻。而且如你所见，我们只是做了一些非常简单的事情，如采用正确的吃饭顺序。

Q2 水果应该单独吃，否则会烂在我们的胃里？

这是当我在谈论应该怎样吃水果时，经常会被问到的一个问题。我将水果归为糖类，尽管水果中含有纤维，但其主要成分是葡萄糖、果糖和蔗糖，也就是糖，因此应该最后吃水果。但是人们会问："最后吃水果，水果不会烂在胃里吗？"答案是不会。

这种错误的观点可以追溯到文艺复兴时期，也就是大约在发明印刷机的时候。当时的一些医生建议，我们不应该以生的水果来结束一餐，因为水果会"浮在胃里的食物上面，并最终腐烂，而其产生的有毒气体会进入我们的大脑并扰乱整个身体系统"。然而，至今没有任何证据能够支持这套说辞。

当细菌停留在食物上，并且开始消化食物促进其自身生长时，就会发生腐烂现象。在冰箱里放了太久的草莓表面会长出的白色和绿色的斑点，这表明细菌在生长。首先，腐烂需要几天或者几周的时间。腐烂不可能在几小时内发生，而消化水果只需要几小时。其次，我们的胃处于酸性环境（pH 为 1～2），而任何 pH 低于 4 的酸性环境都能够抑制细菌生长，所以也能够抑制腐烂发生。没有什么东西能够在胃里腐烂，事实上，胃和食道是我们整个消化系统中细菌最少的地方。

文艺复兴时期的那些医生的建议并不正确，反而有很多人在践行"正确的饮食顺序"。在罗马时代，人们的一顿饭通常以鸡蛋开始，以水果结束。在中世纪的欧洲，一场宴会通常以水果来"关闭消化"。今天，很多国家的人们都以甜点来结束一餐。

平心而论，文艺复兴时期的医生们建议单独吃水果也许并不是完全错误。控糖社区的部分会员告诉我，他们必须单独吃水果，否则会不舒服，如感到胀气或腹胀。总之，最要紧的是倾听身体的声音。最后吃淀粉和糖类是正确的选择，除非，你发现这种方法并不适合自己。

Q3 需要间隔多久再吃另一种食物？

我们在做临床研究时，设置了许多不同的时间间隔：0分钟、10分钟和20分钟等，这些时间间隔似乎都有效果。只要我们最后吃淀粉和糖类食物，哪怕其间没有时间间隔，都会使我们的血糖曲线更平稳。在吃饭的时候，我通常会吃完一种食物之后接着吃另一种食物，贝尔纳黛特也是如此。

Q4 如果一餐中没有淀粉或糖类怎么办？

如果一餐中没有淀粉或糖类，餐后的葡萄糖峰值自然会十分平稳。虽然一些蛋白质也会转化为葡萄糖，但转化的速度要比碳水化合物慢得多。不过，先吃蔬菜再吃蛋白质和脂肪仍然是最好的选择。

Q5 我必须一直这样做吗？

使用本书中的这些窍门对你来说是否有意义，取决于你自己。对我而言，如果不麻烦，我就会按照正确的顺序进食。有些菜品，如咖喱饭或者西班牙肉菜饭，它们的蔬菜、蛋白质、脂肪和碳水化合物都是混合在一起的，并且很难区分，我也不会勉强。有时我会先吃几口蔬菜，然后将剩下的饭菜一起吃掉。

最重要的是，尽可能地做到最后吃淀粉和糖类。并且，要记得庆祝这些小小的改变。比方说，先吃蔬菜，然后将淀粉、蛋白质和脂肪混合着吃，这仍然比最后吃蔬菜要好，也是进步（见图 3-11、图 3-12 和图 3-13）。

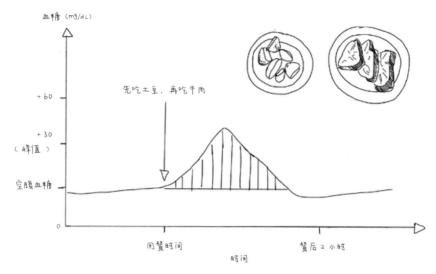

图 3-11　先吃土豆，再吃牛肉后的血糖曲线

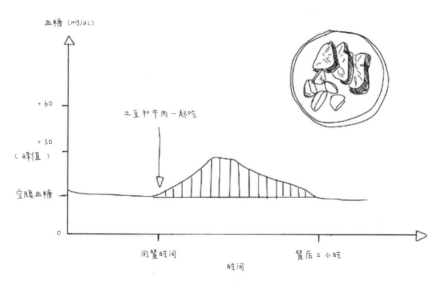

图 3-12　土豆和牛肉一起吃后的血糖曲线

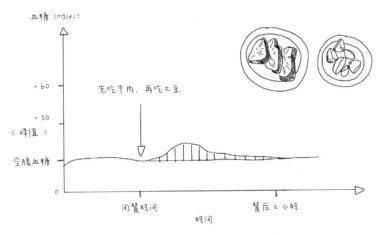

图 3-13 先吃牛肉，再吃土豆后的血糖曲线

先吃土豆再吃牛肉会造成最大的葡萄糖峰值，牛肉和土豆一起吃引起的葡萄糖峰值较小，而先吃牛肉再吃土豆对我们的血糖是最友好的。

无论在什么时候，只要可行，而且不需要劳神费力地将厨师的拿手好菜中的食材分离开来，就将一顿饭变成复杂的考验，那么我们最好还是将那些会转化成葡萄糖的食物放在最后吃。先吃餐盘中的蔬菜，然后吃蛋白质和脂肪，最后吃淀粉和糖类（见图 3-14）。

图 3-14 正确的进食顺序

当你饿了，直接吃碳水化合物是最具有诱惑性的选择，但是，如果你采用这个小窍门，你的食欲会得到遏制。

从科学的角度讲，我喜欢每一餐都从沙拉开始。可惜的是，大量的用餐经验告诉我们这并不可行：等餐的时候，很多饭店会提供面包。然而，先吃淀粉类食物与我们要做的事情刚好相反。这会导致我们无法控制的血糖水平飙升，接着出现血糖水平骤降，让我们感到更加饥饿。

有趣的是，如果让我想一种方法让人们在我的饭店多吃一些，那么为客人提供一些面包也许正是我应该做的。

9

窍门2
在每餐前增加一道绿色开胃菜

在阅读本章标题时，你可能会想：这和上一个窍门是一样的，都是先吃蔬菜。但这其实是另一回事——在你开始吃饭前增加一道菜。这样一来，你会比原来吃得更多，可在此过程中，你的血糖曲线会变得平稳（在下一个小窍门中，我们会介绍为什么增加这些热量是有益的）。我们现在要做的是让食物回到它最初的样子，即加工之前：哪里有淀粉和糖类，哪里就有纤维。通过增加一道美味的绿色开胃菜，纤维就回来了。

几年前，我送给妈妈一份她惦念很久的礼物，一张写着"天啊，我妈妈无论做什么都是正确的！"的自制卡片。

实事求是地说，妈妈每天早餐喝谷物麦片和橙汁的做法是不对的。但是，她在另外一些事情上的做法是正确的，比如要求我定期整理邮件，不要买需要干洗的衣服（我从来没有时间把衣服送去干洗），每个月擦洗一次冰箱内室。在我第一次离开家去上大学的时候，我并没有理会她的那些建议。至今，我也没有清洗过任何厨房家电的内室。

随着年龄的增长，我们渐渐会领悟到父母的建议中所蕴含的智慧。在我开始研究葡萄糖峰值背后的科学后，我发现，许多能够使血糖曲线平稳化的方法正是上一代人提议我们去做的事。杰斯经历了和我一样的心路历程。

杰斯的控糖故事

杰斯在瑞典的农村长大，妈妈是黎巴嫩人，爸爸是瑞典人。她的父母都有全职的工作，还要照顾5个孩子。但是，无论他们多忙，每天晚上一家人都会坐在一起吃晚餐。而且，每天晚餐的第一道菜总是一大份沙拉。

后来杰斯搬了出去，在哥德堡找到了她的第一份工作——教师。和我一样，她也没有继续家里的生活习惯。她的生活轨迹就是在公寓和学校之间，两点一线。杰斯被繁重的课业淹没了，还要从中挤出时间来参加社交活动，简而言之，她没有时间去考虑吃什么。通常情况下，杰斯会在下班途中去小卖部买一盒意大利面作为晚餐，并将剩下的饭菜打包，作为第二天的午餐。

不知不觉中，她的饮食习惯已经彻底改变了。一个曾经只将巧克力作为甜点的人变成了一个吃甜食达人。她一下课就去咖啡店买一块蛋糕。她需要定时补充这些甜点才能度过一天。新的工作任务繁重，她感到很累，而每隔几小时吃一次甜点能够让她保持精力。

几个月过去了，杰斯越来越喜欢吃甜食了。她不是在吃甜食，就是在惦记吃甜食。她的食欲旺盛到失去了控制，事实上，她被自己的食欲控制了。杰斯的体重开始增加，额头开始长粉刺，月经也变得不规律。食欲，大脑和身体上发生的一切变化都让杰斯感到难过。

一天下午，在杰斯日常点心时间之前，她给学生讲解了生物课本第10章"新陈代谢"的内容，包括我们的身体如何从食物中获取能量，尤其是当我们吃碳水化合物时身体会发生什么。杰斯正在讲葡萄糖相关的课程。

其间，杰斯突然想到，或许这里有什么东西对自己有帮助。刚好就在这一周，一位同事无意间给她分享了控糖女神社区的账号。她豁然开朗：是血糖的问题吗？我是不是在不知情的情况下经历了葡萄糖峰值？这是不是就是我不停地想吃巧克力的原因？这是不是就是我一直觉得很累的原因？

很快，她注意到两件事情：一是当她饿的时候，她总是先吃碳水化合物；二是她的饮食很不均衡：午餐和晚餐大部分是淀粉。她意识到她正在接收来自身体的信号：有些情况不太对劲。是的，她在经历葡萄糖过山车。

为了使血糖曲线变得平稳，杰斯决定恢复其家乡的传统：每天晚上的第一道菜是一大份沙拉。她是吃着传统的阿拉伯蔬菜沙拉长大的。于是，她开始自己动手做，将切碎的甜椒、黄瓜、番茄、萝卜、莴苣、一把欧芹和小葱拌在一起，并用橄榄油、盐和很多柠檬汁来调味。

> GLUCOSE REVOLUTION

大部分现代人每天食用的纤维量比每天应该吃的纤维量要少得多。据统计，只有5%的美国人的纤维食用量达到了推荐量：每天25 g。美国政府将纤维称为"与公众健康密切相关的营养素"。就像我在第一部分讲到的，纤维缺失的主要原因是加工食品。

纤维广泛存在于植物中，叶子和树皮中的含量尤其丰富。所以，除非我们是一只食木白蚁，否则，我们获得纤维的主要来源就是豆类、蔬菜和水果（见图3-15）。

纤维对我们的身体起着至关重要的作用：为肠道中的有益菌提供能量，丰富肠道菌群，降低胆固醇水平，确保一切生理活动顺利进行。富含水果和蔬菜的饮食会被认为是健康饮食的原因之一，就是这种饮食提供了丰富的纤维。

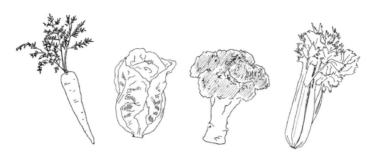

图 3-15　蔬菜富含纤维

豆类、绿叶蔬菜和水果是纤维的主要来源。我们需要多吃这类食物，它们可以维持我们的血糖曲线平稳。

就像在前一个饮食窍门中提到的那样，纤维对我们的血糖有多种好处，特别是它能够在我们的肠道中创建一个"黏性网格"。这个网格会减缓肠道内壁吸收食物分子的速度并减少被吸收的食物分子。这对我们的血糖曲线意味着什么呢？首先，吸收的热量会更少（我们将在下一个饮食窍门中讲到热量）；其次，因为纤维的存在，吸收的葡萄糖分子和果糖分子也都减少了。

很多科学实验曾证明过上述论点。2015 年，新西兰的科学家给受试者分组提供了两种面包：普通面包和每份含有 10 g 纤维的面包。研究发现，10 g 纤维能够使葡萄糖峰值降低 35%。提到面包，如果我们想要使血糖曲线平稳，一定不要购买那些声称是"全谷物"的面包，实际上它的纤维含量并不比传统的白面包更多。我们可以购买那些以黑麦为原料的黑色且紧实的面包，这些面包是由酵母发酵做成的（见图 3-16）。

不过，传统德国面包依然不是我们补充纤维的最佳方式，因为面包中含有淀粉，它会导致葡萄糖激增。那么，获取纤维的最佳方式究竟是什么呢？答案是绿色蔬菜。绿色蔬菜含有大量的纤维，并且只含少量淀粉。

我们知道多吃纤维对身体有好处，也知道在吃其他食物之前先吃纤维对身体的好处更多（见窍门 1）。这就是我们在每餐前增加一道绿色开胃菜的原因，这对于平稳我们的血糖曲线大有帮助。

图 3-16 传统德国面包

传统德国面包含丰富的纤维，通常被称为种子面包或裸麦粗面包。

这道绿色开胃菜应该做多少呢？你喜欢多少就做多少。我发现，开胃菜和随后吃的淀粉类食物的最佳比例是 1：1。我最喜欢的开胃菜是：两杯菠菜、5个罐装的菜蓟，再加上醋和橄榄油。我弟弟最喜欢的开胃菜是：一个大的生胡萝卜（切成片），再配上鹰嘴豆泥（虽然不是严格意义上的绿色，但至少仍然是以蔬菜为主，这正是我们要做到的）。在本章中我们将会看到更多更好的开胃菜。

世界各地都有一些符合科学论证的传统习俗：伊朗和中亚的一些国家习惯从一把新鲜蔬菜开始一餐。地中海沿岸的人们也往往是从蔬菜开始一餐的，意大利人通常以腌制的茄子和菜蓟为餐前小菜；法国人通常以切片的萝卜、青豆为餐前小菜；从土耳其到黎巴嫩再到以色列，人们则通常以切碎的欧芹、成熟的番茄和黄瓜混合而成的塔博勒色拉为餐前小菜。添加绿色开胃菜可以使我们的血糖曲线变得平稳。而血糖曲线越平稳，饱腹感持续得就越久，从而避免几小时过后，因为血糖水平下降而导致的旺盛食欲。如图 3-17 和图 3-18 所示，先吃胡萝卜和鹰嘴豆泥，再吃奶酪通心粉后的血糖曲线比只吃奶酪通心粉后的血糖曲线更平稳。

让我们再来回顾一下杰斯采用新的饮食方式后，她的血糖波动情况。现在，杰斯每天晚餐前都会加一份阿拉伯蔬菜沙拉（作为餐前小菜），然后和原来一样吃一碗意大利面。这个微小的调整，让她的身体出现了一些不一样的情况：葡萄糖的输送速度从急速变得缓慢。葡萄糖峰值变得没有之前明显，随之而来的血糖下降幅度也变小了（见图3-19和图3-20）。

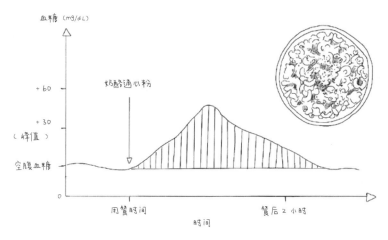

图3-17　吃奶酪通心粉后的血糖曲线

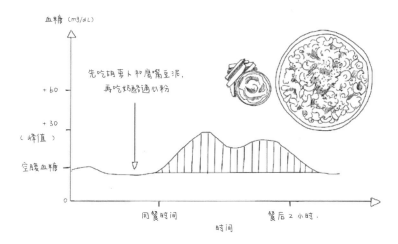

图3-18　先吃胡萝卜和鹰嘴豆泥，再吃奶酪通心粉后的血糖曲线

我们可以选择任何一种蔬菜作为开胃菜，包括胡萝卜等非绿色蔬菜。我们也可以在蔬菜中添加一些豆类食品，如鹰嘴豆泥或小扁豆等，它们也富含纤维。

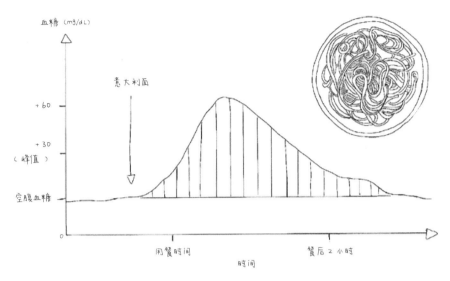

图 3-19　直接吃意大利面后的血糖曲线

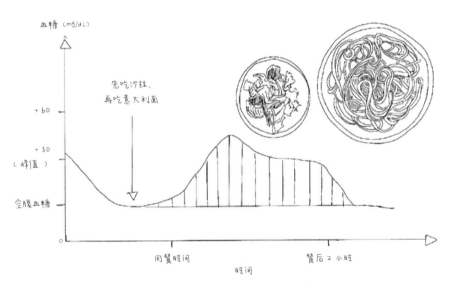

图 3-20　先吃沙拉，再吃意大利面后的血糖曲线

杰斯起初并不知道，只吃意大利面时意味着她即将坐上葡萄糖过山车。后来，她在每餐前增加一份沙拉，使自己的血糖曲线变得平稳了。

杰斯开始感觉好些了。最明显的变化是，她可以更长时间不吃东西了。午餐后，她的饱腹感可以持续到下午 5 点，而不是下午 3 点就开始觉得饿。她的注意力更加集中，面对学生时更加有耐心。她可以蹦蹦跳跳地穿过走廊，碰到同事时报以微笑。平稳的血糖曲线不仅减弱了她的饥饿感，还抚平了她的情绪。

调整饮食 10 来天后，杰斯渐渐对甜食失去了兴趣。当她喝咖啡的休息间歇路过常去的面包店时，她只会感叹"蛋糕好香啊！"，却没有想吃的冲动，这让她感到吃惊。吃甜食仍是她的一种习惯，但不付诸实践，她也不会觉得痛苦。她再也不需要花精力去压制自己的食欲了——因为这种食欲消失了。她恢复了自己的意志力，事实上，这种感觉就像是拥有了一种超能力。

血糖曲线变得平稳后，随之而来的变化令人愉悦且意外。就像贝尔纳黛特一样，杰斯毫不费力地瘦了下来。截至现在，她已经瘦了 9 kg，从 83 kg 降到了 74 kg。"我要操心的，只是让我的血糖水平处在一个稳定的区间，让身体舒适。其他的一切也就顺理成章了。"她告诉我，她的月经已经恢复正常，痘痘也消失了，她现在的睡眠很好，感觉很棒。

尝试一下吧 想一想你最喜欢的蔬菜或者沙拉是什么。精心准备一下，并且在一周内的每次午餐和晚餐前都享用这道开胃菜。注意自己的食欲，看看它是否有变化。

ⓠ 吃完开胃菜之后多久可以吃主菜？

不需要等，按顺序吃就可以。如果确实要等，间隔时间不要超过 3 小时。这是因为纤维通过胃部和小肠上端通常需要 2 小时。

如果我们中午 12 点吃了沙拉，下午 1 点吃了米饭，那么沙拉中含有的纤维仍然能够使米饭导致的葡萄糖峰值变得平稳。但是，如果中午 12 点吃了沙拉，下午 3 点才吃米饭，那么沙拉对于降低米饭所引起的葡萄糖峰值将不会有任何帮助。

Q2 我应该吃多少蔬菜？

首先，吃蔬菜比不吃蔬菜要好；其次，蔬菜吃得越多，对身体越好。目前还没有关于蔬菜的最佳摄入量的科学定论。

我会尽量做到食用和淀粉一样多的蔬菜。如果没有时间做沙拉，我会准备两个罐装的棕榈菜心或者几片烤菜花放在冰箱里。尽管这样做，并不能达到碳水化合物和蔬菜的比例是 1 ∶ 1，却足以让我获得一些好处。

Q3 合格的绿色开胃菜是什么样的？

任何蔬菜都可以。从烤芦笋到凉拌卷心菜，从烤西葫芦到胡萝卜丁，都可以。罐装菜蓟、芝麻菜、花椰菜、抱子甘蓝、茄子、莴苣、豌豆苗、番茄，还有豆类以及黏性食物，如纳豆都可以，越多越好。另外，这些蔬菜既可以生吃也可以煮熟之后吃。但是，请不要榨成汁或者捣成泥，这样会导致纤维流失（榨成果汁），或者使纤维被捣得过碎（捣成泥）。

汤是另一种菜品。你还记得我妈妈在杂货店里给我打电话，问我一种食物是"好"还是"坏"时我的回答吗？汤是一道很好的菜，汤里含有丰富的营养物质，很容易产生饱腹感，这是我们在饭店里最健康的头盘菜之一。但是，这并没有一整盘蔬菜健康。同时，我们也要注意购买的汤品，通常，这些汤品中大部分都是土豆，土豆会被分解成淀粉，同时，汤里还会添加很多糖。

Q4 最方便的开胃菜是什么？

在超市买一袋菠菜，将 3 杯菠菜、2 汤匙橄榄油、一汤匙醋（喜欢多少加多少）、一些盐和胡椒粉，放在大碗里拌匀，最上面撒一把菲达奶酪碎和一些烤熟的坚果。在绿色开胃菜中添加一些蛋白质和脂肪也非常好。你也可以加一些香蒜沙司、磨碎的帕尔马干酪。如果喜欢，还可以再加一些烤坚果。这些都是非常容易做的，味道也不错。你不是在做饭，只是在做一份配菜。

要注意调味品，因为调味品中通常添加有大量的糖和植物油，最好的方法就是按照我上面所说的量将橄榄油和醋调制成调料。

每个周日，我都会做好一些调料，将它们放进冰箱，可以用一周。下面是一些更简单易做的开胃菜：

- 几片剩下的烤蔬菜（通常，我会提前烤好一些西蓝花或者花椰菜，放在冰箱里备用）。
- 少量泡菜。
- 牛油果酱配黄瓜片。
- 1个番茄切片搭配2片马苏里拉奶酪。
- 少量胡萝卜配鹰嘴豆泥。
- 4份腌制的罐装菜蓟或者其他别的罐装蔬菜。
- 2罐棕榈菜心。
- 2根罐装白芦笋。

Q5 需要服用补充剂吗?

最好的方式是吃完整的食物而非服用补充剂，但是，如果在某些场合服用补充剂确实比较方便，那么餐前来一份纤维补充剂也会对自己有所帮助。

Q6 如果在饭店，我要怎么做呢?

外出就餐，而饭店又没有餐前开胃菜时，用橄榄油和醋拌好的主菜作为开胃菜是我们最好的选择。或者直接点一份沙拉。沙拉中含有纤维和脂肪，吃完沙拉再吃淀粉类食物，之后的血糖曲线也会平稳很多（见图 3-21 和图 3-22）。

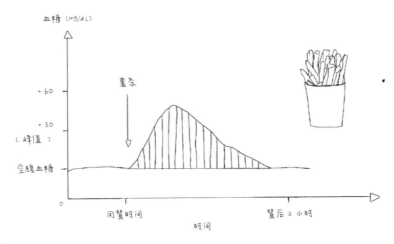

图 3-21　吃薯条后的血糖曲线

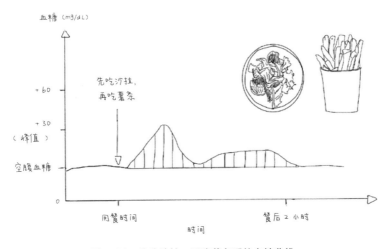

图 3-22　先吃沙拉，再吃薯条后的血糖曲线

❼ 在碳水化合物中添加脂肪（如沙拉调料）会导致体重增加吗？

不会。添加脂肪导致体重增加这个错误的观点已经被纠正了。更多内容详见窍门 10 "为你摄入的碳水化合物'穿上外衣'"。古斯塔沃的控糖故事也论证了这一点。

古斯塔沃的控糖故事

当世界各地的人们在日常生活中使用这些窍门时，他们会变得更加有创造力。由于人们所处的国家不同，各地的食材也不尽相同，但是，他们的变通方法总是会给我留下深刻的印象。我想说一下这些窍门是如何帮助古斯塔沃的，因为我发现他的方法真的特别有效。

古斯塔沃是墨西哥的一名推销员。他 50 岁了，身边已经有两位亲近的人因患相同的疾病去世：父亲患 2 型糖尿病去世了，还有一位比他年轻几岁的同事，也因患糖尿病并发症去世。这是一记警钟，古斯塔沃不想因健康状况不佳而走到生命尽头，所以他在控糖女神社区里非常活跃。

古斯塔沃没有被确诊为糖尿病，但是他的体重已经严重超标了。当他知道人们在患上糖尿病之前会经历很多年的频繁葡萄糖峰值时，他确信自己也正在向糖尿病发展，就像他的父亲一样。同时他也了解到糖尿病不仅仅和基因有关：即使父母均患有糖尿病，也并不意味着子女一定会患糖尿病。基因只会增加患糖尿病的概率，生活习惯才是我们到底会不会患病的决定因素。

在注册控糖女神社区的账号，并学习了葡萄糖和糖尿病的相关知识后，古斯塔沃决定做出改变。影响他改变的最大障碍来自他的社交生活：他总是会和同伴们一起出去吃晚餐，然后会摄入大量的碳水化合物和糖类。他试图改变自己的饮食习惯，但朋友们的看法让他很苦恼："你为什么要点沙拉？""你在减肥吗？"

于是，他想了一个办法：在外出聚餐之前，先在家里做一大盘烤西蓝花，用盐和辣椒酱拌好，然后吃掉。

因为提前吃了西蓝花，到餐厅后古斯塔沃并不饿。所以，他能够很轻松地做到不吃桌上的面包。并且，他所吃的任何碳水化合物和糖类都会被西蓝花抑制。先吃西蓝花，再吃肉和土豆，比只吃肉和土豆，出现的葡萄糖峰值会更小（见图 3-23 和图 3-24）。也就是说，古斯塔沃所经历的葡萄糖峰值会降低，身体释放的胰岛素会减少，与之对应的炎症也会减少，对细胞的损伤也会变小，他患2型糖尿病的概率也会变小。

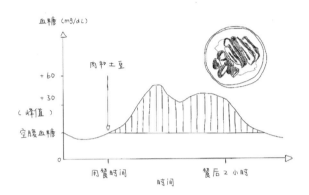

图 3-23　肉和土豆一起吃后的血糖曲线

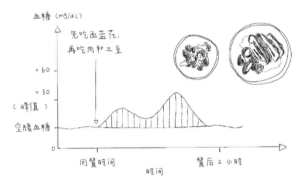

图 3-24　先吃西蓝花，再吃肉和土豆后的血糖曲线

坚持了18个月的葡萄糖控制之旅后，古斯塔沃瘦了40 kg。我们将在后面的内容中讲到古斯塔沃使用的其他小窍门。他兴奋地给我打电话说，自己现在比以往任何时候都更轻松，感觉变年轻了，可以轻轻松松地跑5 km，这是他原来做梦都不敢想的。

除了身体上的改善，古斯塔沃还说自己比原来更自信了，做事时目标也更加明确，他终于明白了热量并不是一切。

窍门 3
停止计算热量

按照前面的建议，你需要在正餐开始之前添加绿色开胃菜。如果你刚好打算减肥，那么你可能会想：添加开胃菜真的是个好主意吗？增加的热量不会让我长胖吗？答案是不会。如果想要了解得更为详细，就需要了解我们所吃的食物的热量类型，以及它们与能量消耗之间的关系。

计算一个甜甜圈的热量，要按照以下步骤：先将甜甜圈脱水，然后将其放到一个浸泡在水中的容器中，接着将甜甜圈点燃（事实确实如此）并测量其周围的水升高的温度，最后用水升高的温度乘以杯中水的质量，得到的就是水增加的能量（1 g 水升高 1 ℃需要 1 cal）。这样我们就能计算出这个甜甜圈的能量了。因此，当我们说"这个甜甜圈和这杯希腊酸奶含有相同的热量"时，我们实际上是在说"这个甜甜圈和这杯希腊酸奶燃烧时，使水升高了相同的温度"（见图 3-25）。

这个燃烧装置便是 1780 年首次发明的热量计，科学家们正是靠它才得以测量物质的能量的。我的祖父铲进火炉中燃烧的煤，每 0.45 kg 能产生 3 500 kcal 热量。煤燃烧得很慢，因此释放的热量会很多，如果你想烧开水，一本 500 页的书绝对不是最佳选择，因为它很快就会被烧成灰烬，而这个过程只会产生 0.5 kcal 的热量。

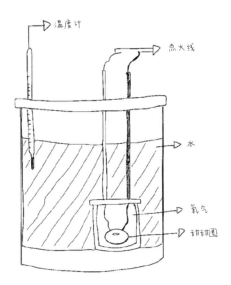

图 3-25 甜甜圈的热量计算装置

计算甜甜圈的热量，需要测量出甜甜圈燃烧时水上升的温度。

判断一种食物含有多少热量就像用页数来判断一本书的厚度一样。事实上，一本 500 页的书可以为你带来很多信息，而不仅仅是页数，如大概需要多长时间来阅读它，但是，阅读并不会减少书的页码。如果你来到一个书店，告诉售货员想买一本 500 页的书，他们会奇怪地看着你，并要求你描述得更清楚一些，因为一本 500 页的书和另一本 500 页的书内容完全不同。同样，不同物质在产生相同热量的情况下，会产生不同的影响。

100 kcal 的果糖、100 kcal 的葡萄糖、100 kcal 的蛋白质和 100 kcal 的脂肪在燃烧时会释放相同的热量，但它们对我们身体的影响却截然不同。为什么呢？因为这些物质的分子是不同的。

2015 年，加州大学旧金山分校的一个研究小组证明，即使食用同样热量的食物，也只有那些特定的食物能够治愈我们的疾病。他们证明了果糖的能量比葡萄糖的能量差（就像我们在第二部分讲到的那样，果糖不仅会使我们的身体产生炎症，使细胞老化，还会比葡萄糖更容易转化为脂肪）。

　　研究的被试者均是肥胖的青少年，这些青少年被要求食用含有葡萄糖但不含果糖的贝果代替含有果糖的食物，如甜甜圈。同时，他们摄入的热量保持不变。结果是，他们的健康状况均有所改善：血压情况变好，甘油三酯与高密度脂蛋白的比值（我们在第二部分中已经讲过，这是判断是否患心脏病的一个关键指标）也有了好转。另外，这些青少年的脂肪肝和 2 型糖尿病的病情也有所改善。而且，仅仅在研究开始的 9 天内，他们健康状况就有了如此惊人的变化。

　　这项研究证明，100 kcal 的果糖比 100 kcal 的葡萄糖更糟糕。这就是吃淀粉类食物要比吃甜食好的原因（更多详细内容见窍门 9）。在该研究中，如果在减少果糖摄入量的同时，用蛋白质、脂肪和纤维来代替果糖，如参与者用希腊酸奶和烤西蓝花来代替甜甜圈。我们可以想象一下，实验的效果会更好（见图 3-26 和图 3-27）。

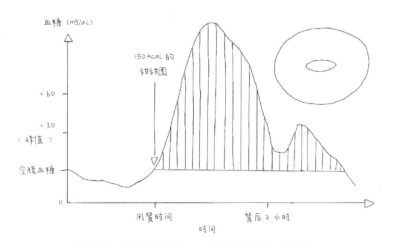

图 3-26　食用含有 150 kcal 的甜甜圈后的血糖曲线

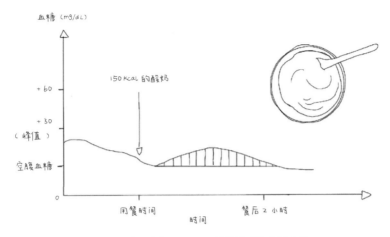

图 3-27　食用含有 150 kcal 的酸奶后的血糖曲线

即使摄入相同的热量，也会产生不同的效果。甜甜圈（含有果糖）中的热量会优先转化为脂肪，使我们的身体产生炎症，使细胞受损。而酸奶（不含果糖）中的热量产生的不良影响会小得多。

如果你之前听说过想要保持健康，就必须减少热量的摄入量，那么现在你知道了，这种说法并不正确。我们可以在保持摄入热量不变的同时，通过改变所食用的食物种类来治愈某些疾病。

那么，怎样才能减肥呢？仅仅是摄入更少的热量吗？这个谎言已经被揭穿了。我前面讲到的研究中给出了这样一条线索：有一些参与研究的青少年尽管摄入了和原来一样的热量，但他们的体重开始减轻了。不可能？不，这是真的！但它的确与我们的原有认知是相悖的。

事实上，相对于摄入的热量较少但不注重使其血糖曲线平稳的人，那些致力于使自己血糖曲线平稳的人可以摄入更多的热量，同时减掉了更多的体重。让我再重复一遍：与摄入的热量较少但是葡萄糖峰值飙升的人相比，那些摄入的热量较多但是血糖曲线平稳的人可以减掉更多的体重。举个例子，2017 年密歇根大学的一项研究中，当超重者专注于使自己的血糖曲线平稳时，即使他们比另一组摄入了更多的热量，也会减掉更多的体重（实验组减掉了 8 kg，而对照组只减掉了 2 kg）。

出现这种差异与胰岛素有关，即当血糖水平下降时，我们的胰岛素水平也会随之下降，而2021年一份针对60项减肥研究的分析报告显示，让胰岛素水平降低才是减肥的关键，只有胰岛素水平先降下来，体重才可能减轻。

事实上，只要专注于使血糖曲线平稳，即使完全不考虑热量，也可以减肥。但是要记住，这需要我们有一些基本的、良好的判断力，如果一天吃了10 000 kcal的黄油，我们的血糖曲线仍然会是平稳的，但是同时我们的体重也会增加。来自控糖女神社区的会员的反馈是非常具有普遍性的：如果他们注意不使自己的血糖水平飙升，他们就可以一直吃到饱为止而无须计算热量，同时体重还会减轻。

玛丽就是这么做的，而这改变了她的生活。

玛丽的控糖故事

28岁的玛丽住在匹兹堡，在一家科技公司上班。近10年来，每次出门，她都会把一个装满零食的手袋夹在腋下，风雨无阻。因为如果隔了90分钟还没吃东西，玛丽就会站立不稳、头晕心慌，需要马上坐下来休息。她的日常生活也都需要围绕这个需求来安排。如果一个会议的持续时间超过一个半小时，并且中途没有茶歇，她就无法参加。为参加侄女的洗礼，玛丽破例了一次，她在进入教堂之前吃了一根谷物棒，洗礼结束后就立马跑回车里吃了一袋薯片。

> GLUCOSE REVOLUTION

有些人（或者确实有这样的人）如果每隔一段时间没有吃点儿东西，就会感觉不舒服，他们经常说"我有低血糖"。这种说法也许有一定的道理。但是，他们不知道的是，自己并不是生来就患低血糖的。低血糖通常是由于吃的食物引起身体释放过量胰岛素造成的。因此，更准确的说法应该是"我的血糖水平正在急剧下降"。

一般来说，出现葡萄糖峰值后，胰岛素会将多余的葡萄糖存储到"存储单元"中，血糖曲线就会逐渐变得平缓，最终回到空腹水平。整个曲线呈钟形（见图3-28）。

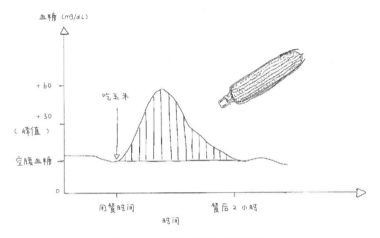

图 3-28　吃谷物棒后的血糖曲线

餐后，先经历葡萄糖峰值，然后胰岛素使葡萄糖水平回到正常水平，最后回到空腹血糖水平。

但是，如果胰腺释放了太多的胰岛素，就会造成葡萄糖大量"消失"。这种情况下，血糖并没有回到空腹水平，而是快速下降，甚至跌破正常水平。这种情况被称为反应性低血糖（reactive hypoglycemia）。当血糖水平下降，而身体中没有多余的葡萄糖进入血液使血糖恢复至之前的水平时，我们就会出现血糖水平过低带来的症状：饥饿、食欲旺盛、发抖、头晕，或者手部和脚部感到刺痛。这种症状玛丽每天会出现很多次。

反应性低血糖是一种常见疾病，尤其常见于患有其他葡萄糖相关疾病，如多囊卵巢综合征的患者中。但是每个人的症状又有很大差异。对于糖尿病患者，反应性低血糖的症状往往更加明显，他们的血糖水平会很低，甚至偶尔会导致昏迷。对于非糖尿病患者来说，即使他们在 2 小时之前刚吃过饭，血糖水平的小幅下降也会使他们感到极度饥饿。而血糖水平下降得越多，在下一次吃饭前他们就越会感觉饿（见图 3-29）。

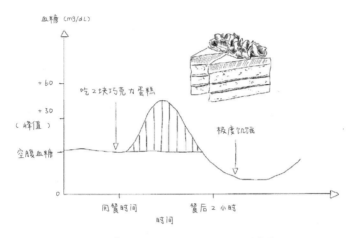

图 3-29　反应性低血糖患者餐后的血糖曲线

反应性低血糖患者在吃完 2 块巧克力蛋糕后，先是出现一个葡萄糖峰值，之后葡萄糖水平急剧下降并低于空腹血糖水平。

医生已经确诊，玛丽患有反应性低血糖。测试过程是让她喝一大杯含有大量葡萄糖的奶昔，在 3 小时后检测她的血糖水平是否低于空腹血糖。

玛丽自青少年时期开始，便各种毛病缠身：甲状腺功能减退、银屑病关节炎、雌激素分泌旺盛、念珠菌感染、皮疹、银屑病、肠漏、慢性疲劳、失眠。有一次她去拿最新的甲状腺药物的处方时，医生提醒说这是他自己配置过的剂量最大的处方了，尤其是对一名年仅 28 岁的患者来说。

尽管如此，玛丽还是想尽最大努力让自己舒服一些。因为一天当中要不时地吃零食来补充能量，所以她会尽量选择那些“健康的”食物。当时，她认为

"健康的"食物主要是低热量的素食食品。玛丽特别注意控制热量的总摄入量，每天从不会超过 2 000 kcal（这是官方给出的标准），并且，她每天早晨还坚持走 10 000 步。

玛丽的日常是这样的：早上 5 点起床后，先吃水果和格兰诺拉麦片（她醒得很早，因为太饿了）；6 点，来一份低脂水果酸奶；8 点，吃一包 100 kcal 的麦片；9 点半，吃一份果酱小馅饼；11 点，吃一份素食面卷饼；午餐吃一份素食三明治，搭配一杯椰子水，再加一包热量 100 kcal 的椒盐脆饼，90 分钟后再吃一包 100 kcal 的饼干；下午 4 点，她会吃整整一斤葡萄——大约有 180 颗；晚餐前一小时吃一些饼干，晚餐会吃很多米饭和一些豆类蔬菜；临睡前再吃一块巧克力。玛丽每天的血糖曲线完美复制了过山车轨迹（见图 3-30）。

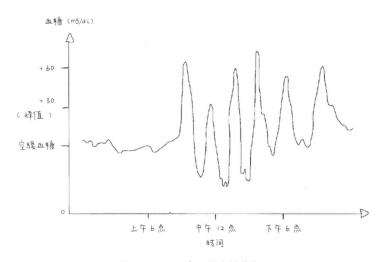

图 3-30 玛丽每天的血糖曲线

和玛丽一样患有反应性低血糖的人的血糖曲线会频繁出现葡萄糖峰值和低于正常水平的谷值。

玛丽按照自己认为正确的热量标准来进餐，但是她总是感觉很饿。她处于一种慢性疲劳状态，每天中午过后，她就没有精力做任何事情。她太累了，以至于每天要喝 10 杯咖啡来提神。

当被诊断出患有反应性低血糖时，患者经常被提醒应该每隔几小时吃点儿零食，以确保他们的血糖水平不会下降得过低。然而，正是这个举动使他们的问题变得更加严重：过量的甜食或淀粉类食物让他们的血糖水平迅速回升，刺激胰岛素分泌，然后造成血糖水平再次快速下降。这样就形成了一个恶性循环。他们会坐上一辆永远不会停下的过山车。

一个更有效的应对反应性低血糖（顺便说一句，这是一个可逆转的症状）的方法就是，解决胰岛素过多这个根本问题。你肯定已经猜到了，解决方案就是使患者的血糖曲线平稳。患者的葡萄糖峰值越小，他们释放的胰岛素就越少，血糖下降的幅度就越小。这样，他们就不需要每隔几小时就吃淀粉类食物或者甜食。同时，随着胰岛素分泌量的减少，脂肪储备开始燃烧，为身体及时提供所需能量。非常重要的一点就是要逐渐减少淀粉类零食和甜食的摄入量，因为我们的身体需要几天甚至是几周来适应。

这就是为什么玛丽需要想尽一切办法来使自己感觉舒服一点。幸运的是，玛丽在研究控糖方法时，无意间掉进网络兔子洞①，发现了我的账号。

玛丽从我的账号视频中了解到，血糖曲线变得平稳会让胰岛素曲线也变得平稳，反应性低血糖就会逐渐痊愈，因为反应性低血糖是高糖饮食的一种症状。玛丽做出了一些改变，她的计划是：尽可能地多吃一些，直到满足身体所需，以此控制血糖。

她在餐前添加了沙拉，在饮食中添加更多蛋白质、脂肪和纤维，最后吃碳

---

① 网络兔子洞（down an Internet rabbit hole）：兔子洞因出现在英国作家刘易斯·卡罗尔的《爱丽丝梦游仙境》中而被人们广泛使用。网络兔子洞用于描述当今网络时代的一个常见现象，即人们上网时会不假思索地从一个网页点击到另一个网页，就好像掉进了无底洞一样，不知不觉中点开了一个与原本所浏览的内容毫无关系的页面。——译者注

水化合物。她摒弃了绝大部分由糖和淀粉组成且不含纤维的加工类食品，转战富含纤维的全食物食品。她不再计算热量，但每天摄入的热量肯定比原来吃的2 000 kcal 要多。

通常，早餐时，她会喝一碗添加了碾碎的亚麻籽、火麻仁、坚果和豌豆蛋白粉的燕麦粥，外加一根火腿肠。午餐时，她会吃煮鸡蛋（两个）、胡萝卜条、芹菜、花生酱或者牛油果酱、蛋白奶昔（一杯，由胶原蛋白粉、一汤匙亚麻籽、半汤匙椰子油和很多绿色蔬菜组成），最后吃半根香蕉。下午的点心通常是希腊酸奶、浆果和半个蛋白质能量棒。晚餐时，她会吃鱼肉或者鸡肉、牛油果油清炒甘蓝和烤红薯。

玛丽在电话里和我分享了她的好消息："我已经可以连续 4 小时不吃东西了，甚至可以空腹锻炼了，这让我如获新生！"

那种每隔几小时就会有的饥饿感很快就成了过去。玛丽的反应性低血糖也消失了，其他情况也在好转，体力在一到两周内得到了提升，从原来每天要喝10 杯咖啡到现在只喝 1 杯。脸上的痘痘消失了，皮疹和银屑病也好了。她的头痛消失了，不再失眠，甚至连惊恐发作和关节炎都好了。她的雌激素回到了正常水平。同时，玛丽还瘦了 2.2 kg。

玛丽的甲状腺功能也有所改善。每隔几个月去复查一次，她的医生开始持续调低用药量。

最棒的是，她不再随身携带零食包，因为不需要了。这看起来是一件很小的事情，但对玛丽来说，一切都因此而改变（见图 3-31）。

请记住：健康和减肥主要取决于我们的身体所吸收的物质种类，而不是我们所食用的食物热量。

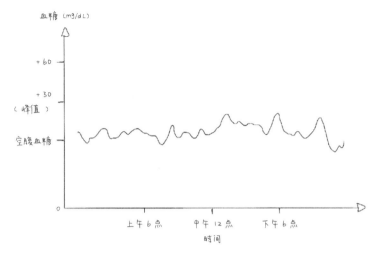

图 3-31　玛丽现在的日常血糖曲线

玛丽现在的血糖水平基本上是在健康范围内小幅波动。她的反应性低血糖已痊愈。虽然摄入了更多热量，但她感觉更好了。

Q1 不同食物产生的热量对我们来说意味着什么？

如果一顿饭产生的热量能够抑制血糖水平飙升，那么我们可以毫无顾忌地在这顿饭中获取更多热量，如富含纤维、脂肪或者蛋白质的食物。餐前添加一道调味沙拉所增加的热量对我们是有帮助的，因为这些热量不仅有助于我们保持血糖和胰岛素处于较低水平，还可以帮助我们在之后的进食中摄入更少的热量（这要归功于纤维创建的网格）。

总之就是，饱腹感会持续更久，脂肪能够燃烧得更多，体重增加得也更少。先吃沙拉，再吃土豆后的血糖曲线，比只吃土豆后的血糖曲线更平稳（见图 3-32 和图 3-33）。

相反，如果我们在一餐中摄入更多的葡萄糖或者果糖，那么出现的葡萄糖峰值会让我们体重增加得更多，出现更多的炎症，并且更容易感到饥饿（见图 3-34 和图 3-35）。

事实上，热量是有区别的，但这是食品加工行业在拼命混淆的一个事实。真相隐藏在热量本身的背后。这些数字转移了我们的注意力，让我们忽视了盒子里到底有什么。比如，果糖与葡萄糖不同，它不能为我们的肌肉提供能量，几乎全部都会转化为脂肪。

下次去商店的时候，你可以看一下零食包装上的成分表，就会明白我的意思。食品制造商坚称所有的热量都是一样的，因为真相会对他们的利益产生威胁。这是个很容易被拆穿的诡计。

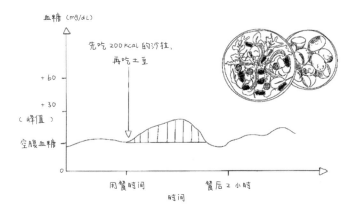

图 3-32　先吃 200 kcal 的沙拉，再吃土豆后的血糖曲线

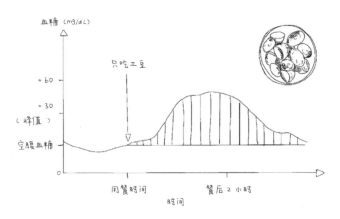

图 3-33　只吃土豆后的血糖曲线

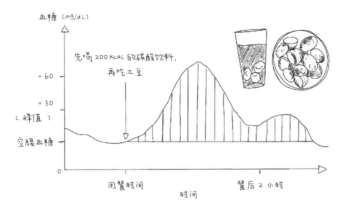

图 3-34　先喝 200 kcal 的碳酸饮料，再吃土豆后的血糖曲线

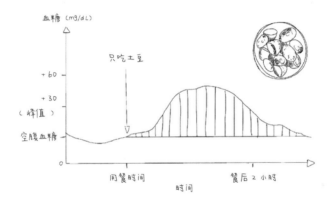

图 3-35　只吃土豆后的血糖曲线

餐前添加 200 kcal 的碳酸饮料（主要成分是葡萄糖和果糖）所增加的热量会使葡萄糖峰值变得更高。事实上，喝碳酸饮料会提升 3 种物质——葡萄糖、果糖和胰岛素的浓度，它提供的热量对身体并不友好。

　　谷物麦片正是这样取得商业成功的，它被消费者视为完美的减肥食物。我们没有细究。它的热量虽然较低，但含糖量是玉米片等其他麦片的 2 倍。我们不知道谷物麦片中的糖和淀粉会使我们的血糖及胰岛素水平飙升，当然这要比同等热量的鸡蛋和吐司使身体增加更多的脂肪。我们不知道谷物麦片热量会让自己坐上葡萄糖过山车，并会一整天都特别想吃东西。但是现在，多亏了动态血糖仪和那些充满探索精神的科学家，我们已经了解早餐吃谷物麦片绝对不是开始新的一天的最佳选择，这些将会在后文的内容中讲到。

窍门4
平稳早餐后的血糖曲线

斯坦福大学有一个专门研究如何监测动态血糖的科学家团队。2018 年，他们做了一件优秀的科学家都会做的事——对已有的观念发起挑战。他们首先要验证的是一个已被普遍接受的概念，即除非你患糖尿病，否则不用太关心血糖水平。接着他们还想验证一件约定俗成的事：早餐吃麦片对身体有好处。

这项实验招募了 20 名志愿者，其中有男性，也有女性。这些志愿者都没有患 2 型糖尿病，空腹血糖（医生每年检测一次）也都在正常范围。在一个工作日的早晨，志愿者来到了实验室，这项实验的要求就是佩戴动态血糖仪后吃一碗牛奶玉米片。

研究的结果令人震惊。在这些健康的志愿者中，一碗谷物粥就会使他们的血糖水平不受控制，达到被认为是只有糖尿病患者才会有的峰值。20 名志愿者中，有 16 名志愿者的葡萄糖峰值超过 140 mg/dL（这是糖尿病前期的临界线，是血糖出现问题的信号），有一些志愿者的葡萄糖峰值甚至超过了 200 mg/dL（已达到 2 型糖尿病的血糖水平）。这样的实验结果并不是说参与研究的志愿者都患上了糖尿病。他们并没有患糖尿病。但是，这确实说明健康的人也会出现像糖尿病患者一样的葡萄糖峰值，并且将承受这些葡萄糖峰值带来的副作用。这个发现具有开创性的意义。

事实上，根据已有经验，一碗谷物确实会导致高的葡萄糖峰值。谷物制品基本都是由精加工的玉米或者小麦经过高温加热后，又经过压平或者膨化处理才最终成形。这种食品只含淀粉，不含纤维。并且，因为淀粉本身并不是非常美味，所以生产商常会在这些产品中加入食用糖（蔗糖等）。虽然生产商也会在产品中加入一些维生素和矿物质，但是这些的好处并不能抵消糖类等成分带来的危害。

仅仅在美国，人们每年就会消耗 27 亿箱谷物制品。最受欢迎的品牌之一是蜂蜜坚果脆谷乐。然而和斯坦福大学的研究项目中所使用的谷物相比，这种脆谷乐的含糖量是其 3 倍。与人们真实的葡萄糖峰值相比，研究人员在实验中观察到的惊人数据可能是非常保守的。

当 6 000 万美国人每天早餐喝一碗类似于蜂蜜坚果脆谷乐的麦片粥时，他们体内的血糖、果糖和胰岛素水平均处于危险的范围。他们的体内正在产生自由基，他们的胰腺处于超负荷状态，他们的细胞正在受到损伤、脂肪正在堆积，他们可能自起床后便不停地想吃东西。老实说，这不是他们的错。谷物制品既便宜又好吃，而且易做。我妈妈有很长一段时间每天都在吃麦片。

谷物制品看起来毫无害处，但事实并非如此。基于我们的饮食方式，每天早晨体内出现高的葡萄糖峰值成了常态。不管是面包加果酱、羊角面包、格兰诺拉麦片、糕点、甜燕麦、饼干，还是果汁、果酱馅饼、水果奶昔、巴西莓碗[①]或者香蕉面包，这些典型的西方国家的早餐主要都是由淀粉和糖类组成的（见图 3-36）。

---

① 巴西莓碗（acai bowl）：将巴西莓粉与冰冻过的蓝莓、香蕉等水果混合，做成近乎沙冰的状态，然后放在碗里，铺上水果、燕麦等。——译者注

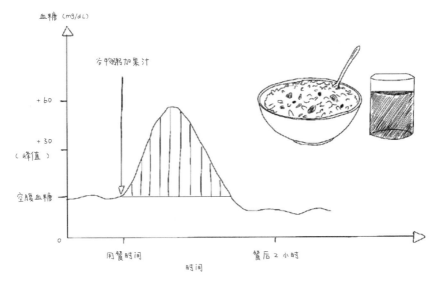

图 3-36 喝谷物粥和果汁后的血糖曲线

在美国，大部分人的早餐是一碗谷物粥加果汁，这会引起很高的葡萄糖峰值。

"早餐吃甜食非常好"是一个很常见的观念，因为它可以为我们补充能量。从小到大，当我把巧克力酱抹在可丽饼上的时候，我就是这么想的。事实上，这种想法并不正确：吃甜食会给我们带来快乐，但并不是补充能量的最佳方式。

我们已经知道，葡萄糖会刺激胰岛素分泌。胰岛素能保护我们免受葡萄糖的冲击，在血液循环时将葡萄糖清除出去。然而这些葡萄糖在身体中并没有作为能量被消耗掉，而是作为糖原或者脂肪被储存了起来。

科学实验已经证明，含有碳水化合物更多的餐食在消化后，会导致身体循环中可用的能量更少。早餐吃的碳水化合物越多，可用的能量越少。

常言道："早餐是一天当中最重要的一餐。"这是真的，但这里所说的早餐重要，与我们理解的可能并不是一回事。

早餐如何秘密地控制我们

在卧室跳舞时，脚碰到了梳妆台的一角，这是我们能够瞬间感知到的，因为脚会很疼（我有一次就这样弄伤了脚趾）。尽管我们会对脚进行冰敷，脚依然可能会红肿，以至我们都穿不上平时穿的鞋子。这很可能让我们心情不好。

如果同事或者家人问我们："怎么了？"我们很容易就能解释清楚："今天早晨我磕到脚了，所以心情不好。"两者间的联系一目了然。

但是，当被问到食物是如何影响我们的时候，我们却说不清其中的关联。我们并不能立刻感受到早餐后的葡萄糖峰值给自己带来的伤害。如果吃了一碗麦片粥后，我们会立刻心慌难受、趴在桌子上睡着，那么我们肯定能够知道其中的联系。但是，由于新陈代谢需要几个小时，会随时间的推移发生多种变化，并会与一天之中发生的其他事情混在一起，那么至少在掌握技术要领之前，我们还是需要谨慎观察和思考才能将这些点连接起来。

一顿早餐会让血糖水平飙升，很快我们就会再次感到饥饿。更重要的是，早餐会使一天中的血糖水平很难都得到控制，所以午餐和晚餐也会带来很高的葡萄糖峰值。一方面，一顿使血糖水平飙升的早餐是一张葡萄糖过山车的单程车票。另一方面，一顿可以使血糖曲线平稳的早餐，也可以使午餐和晚餐后的血糖水平更加稳定。

早晨醒来处于空腹状态时，身体对葡萄糖最为敏感。我们的胃是空的，所以进入胃的任何食物都会很快被消化。这就是为什么早餐吃糖类和淀粉往往会导致一天中最大的葡萄糖峰值。

早餐最不适合吃糖类和淀粉类食物，但是，大多数人早餐只吃糖类和淀粉类食物。最好餐后再吃甜点，我将会在窍门 6 "选择餐后甜点而不是甜甜的零食"中进行详细说明。

尝试一下吧 将你的日常早餐食材写下来。看一看，哪些是淀粉类食物，哪些是糖类食物。你早餐是不是只吃糖类和淀粉类？

我通常吃	糖类	淀粉	蛋白质、脂肪或纤维
例如：橙汁	√		
例如：燕麦		√	
例如：黄油			√

与那些通过改变饮食来使血糖水平更稳定的人交谈后，我了解到早餐才是关键。我们选择健康的早餐，一整天都会感觉更好——精力更充沛、饱腹感更强、心情更好、皮肤更光滑，等等。我们不会感觉像坐在葡萄糖过山车上，而是感觉坐到了驾驶员的位置上。奥利维拉就是一个典型的例子，她花了一些时间才发现这一点，然而，一旦发现，她就再也不想回到过去了。

奥利维拉的控糖故事

在任何年龄阶段，我们都可能受到血糖水平异常的影响。18岁的奥利维拉生活在阿根廷首都布宜诺斯艾利斯市附近的一个村庄，她已经出现过各种各样的血糖症状：特别想吃甜食（牛奶太妃糖等）、额头上长有严重的痤疮、焦虑、晚上感到筋疲力尽但又无法入睡。

奥利维拉从两年前，也就是她16岁的时候开始吃素，以此来减少碳水化合物的摄入量。不幸的是，就像我前面讲过的那样，一盘素食（不管是纯素食，还是无麸质或是有机的素食）并不意味着对我们有更多好处。不管我们的饮食习惯如何，都应该考虑血糖水平。

当她和朋友谈到自己的处境时，他们告诉奥利维拉，她早上应该吃一些更健康的食物，一些含有维生素的食物。他们建议奥利维拉用水果奶昔代替果酱面包和热巧克力，因为巧克力中的糖是"坏糖"，而水果中的糖是"好糖"。

奥利维拉听从了这些建议。她买了香蕉、苹果、杧果和猕猴桃。自此，奥利维拉的日常早餐变成了水果奶昔。

> GLUCOSE REVOLUTION

很多人认为有些糖，如水果中的糖对我们的身体有好处；而有些糖，如甜品、蛋糕和糖果中的精制糖对身体有害。

事实上，这个观点在我们心中根深蒂固。一个世纪以前，加州水果种植交易所（如美国的橙子生产商），也就是后来的新奇士[①]，发起了一项每天喝一杯橙汁的全国性运动，因为橙汁"富含有益于健康的维生素，稀有的盐和酸"。但是，它忘了说橙汁对我们来说是非常有害的，我们可以从其他几十种食物中获得维生素等抗氧化剂，同时又不会对我们的身体造成伤害。

不幸的是，奥利维拉和她的朋友们也同样被这个故事骗了。他们认为任何由水果制成的食品都是健康的。

产生这种想法，是因为没弄清糖的本质——糖就是糖。不管它是来自玉米还是甜菜，像食用糖那样被制成结晶的白色粉末；还是来自橙子，像果汁那样被制成液体，它都是糖。不管糖来自哪种植物，葡萄糖和果糖对我们产生的影响毫无差别。而因为果汁含有维生素而否认它是有害的，是一个危险的转向游戏。

事实上，如果我们准备吃一些糖，一个完整的水果是最好的选择。首先，在整个水果中，糖的含量很少。我们也很难一口气吃下 3 个苹果或者 3

---

① 新奇士（Sunkist）：美国新奇士种植公司，全球历史最悠久、规模最大的柑橘营销机构。——译者注

根香蕉，而这可能就是水果奶昔中水果的含量。即使我们确实吃了 3 个苹果或者 3 根香蕉，所花时间比我们喝水果奶昔的时间要长得多。所以，葡萄糖和果糖的消化速度也会慢得多。吃东西花的时间要比喝东西花的时间更长。

其次，如果吃下的是整个水果，糖往往会伴随着纤维一同出现。就像我前面讲过的那样，纤维会显著减缓摄入的任何糖类所引起的葡萄糖峰值的出现速度。

但是，把水果打碎之后，我们便将纤维粉碎成了微小的细末，纤维就不再能够行使它们的保护功能了。如果还有疑问，你就可以这么想，我们自己吃东西的时候是不会粉碎纤维的。我们的咀嚼功能很强大，但是也没有强大到堪比每秒转动 400 次的破壁机的金属刀片。

如果把水果打碎、压榨、干燥并浓缩其中的糖分，去除水果中的纤维，就会给身体带来快速且有害的冲击——导致葡萄糖峰值的产生。

水果加工的程序越多，对身体就越不利。对我们来说，一个苹果要比苹果酱好，而苹果酱要比苹果汁对身体更有益。请注意，一旦水果被榨成果汁、做成水果干、糖渍果脯、水果罐头或者果酱，我们就应该把水果当作甜点，把其制品当成一块蛋糕。

一瓶橙汁（不管是鲜榨橙汁，还是带果肉或者不带果肉的橙汁）含有 24 g 糖，这是 3 个完整橙子的含糖量，并且不含有任何纤维。这也相当于一罐可口可乐的含糖量。

只要一瓶橙汁，我们就已经达到了美国心脏协会所建议的每日糖分摄入量的上限，协会建议女性每天糖摄入量不超过 25 g，男性不超过 36 g（见图 3-37 和图 3-38）。

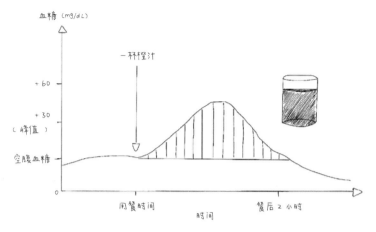

图 3-37　喝一杯橙汁后的血糖曲线

果汁中含有维生素，但这并不是喝果汁的理由，就像我们不能因为葡萄酒中含有抗氧化剂就去喝酒一样。

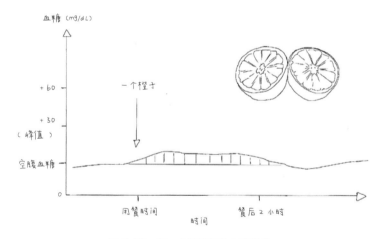

图 3-38　吃一个橙子后的血糖曲线

　　所以，奥利维拉在改吃新的早餐后，身体状况并没有好转，也就不足为怪了。但是奥利维拉还是坚持日复一日地喝水果奶昔。结果呢？她脸上的痤疮更严重，体力更差，焦虑加剧，晚上更难入睡。为什么她比以往更加努力地去做"正确"的事，结果却更糟糕了呢？奥利维拉喝的水果奶昔确实会导致比她原来的早餐更高的葡萄糖峰值（见图 3-39 和图 3-40）。

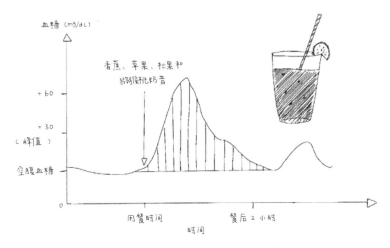

图 3-39　喝香蕉、苹果、杜果和猕猴桃奶昔后的血糖曲线

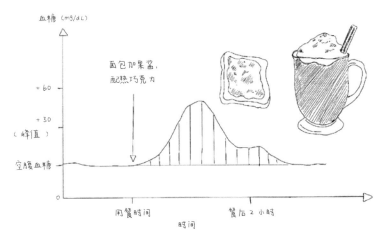

图 3-40　吃带果酱的面包和热巧克力后的血糖曲线

大多数人认为，早餐喝一杯水果奶昔要比喝一杯热巧克力更健康。然而事实是，当水果被加工后，它并没有比巧克力更加健康，喝水果奶昔后的血糖曲线波动更明显。其实，奶昔也可以做得更健康，前提是奶昔中要包含水果的全部成分。

　　奥利维拉找到了控糖女神的社交媒体账号。她意识到自己的症状就是葡萄糖峰值带来的。同时，令她如释重负的是，自己所认为的明智的早餐选择，即水果奶昔，实际上并不健康。之后，她做了什么呢？她开始吃咸香美味的早餐。

开启咸香美味早餐

要使我们的血糖曲线变平稳，最好的方式之一就是吃一顿咸香美味的早餐。事实上，很多国家都有一些咸香美味的自助餐。

在日本，菜单上通常会有沙拉；在土耳其，我们可以找到肉类、蔬菜和奶酪；在苏格兰，有熏鱼；在美国，有煎蛋卷。

这个窍门非常有效。如果我们吃了咸香美味的早餐，就可以在这一天的晚些时候吃一些甜食，而且几乎没有副作用。我将会在下一个窍门中讲如何做到这一点。

制作自己的咸香美味早餐。一份能够使血糖曲线平稳的理想早餐要包含大量的蛋白质、纤维、脂肪，而淀粉类食物和水果则可加可不加（最好最后吃）。如果我们在咖啡店购买早餐，可以选购一份牛油果吐司、一个鸡蛋松饼，或者一个火腿奶酪三明治，而不是选择巧克力羊角面包或者涂满果酱的吐司（见图3-41和图3-42）。

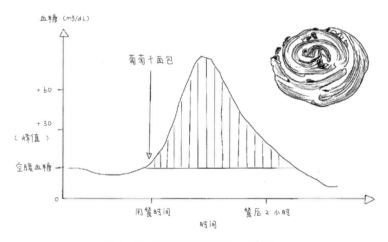

图 3-41　吃葡萄干面包后的血糖曲线

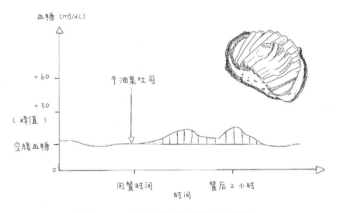

血糖（mg/dL）

+60

+30

（峰值）

空腹血糖

牛油果吐司

用餐时间　　　餐后 2 小时

时间

图 3-42　吃牛油果吐司后的血糖曲线

含有相同热量的葡萄干面包和牛油果吐司，对我们的血糖和胰岛素水平产生的影响有很大的不同。葡萄干面包中的淀粉和糖类会导致体重增加、炎症产生、饥饿感频繁出现，而牛油果吐司中的淀粉和脂肪则不会产生太多的副作用。

确保自己的早餐含有蛋白质。当然，这并不是说我们每天早晨要狼吞虎咽，一口气吃掉 10 个生鸡蛋。蛋白质可以是希腊酸奶、豆腐、肉、鱼、奶酪、奶油、蛋白粉、坚果、坚果酱、其他种子类食物，以及熟鸡蛋（可以是炒鸡蛋、煎鸡蛋、水煮蛋，或者溏心蛋）。

添加脂肪。用黄油或者橄榄油炒鸡蛋，再加几片牛油果，或者在希腊酸奶中加 5 颗杏仁、一些奇亚籽或者亚麻籽，都可以增加脂肪摄入量。顺便说一下，不要喝脱脂酸奶。脱脂酸奶不会让我们产生饱腹感，普通酸奶或者希腊酸奶都是不错的选择。我会在后文中讲到原因。

添加额外的纤维。早餐吃纤维是非常具有挑战性的，因为这意味着早餐我们要吃蔬菜。如果你不喜欢早餐吃蔬菜也无须勉强。但是，如果可以的话，早餐建议尽量吃一些纤维。我喜欢把菠菜拌到炒鸡蛋或者夹在牛油果中间吃。理论上来说，任何蔬菜都可以，不管是菠菜、蘑菇、番茄、西葫芦、菜蓟、德国泡菜，还是扁豆或者生菜。

选择性地添加一些淀粉或者完整的水果（也可以不加）。燕麦、吐司、米饭、土豆，以及任何完整的水果（最好选择浆果类水果）都可以。

奥利维拉决定为自己做咸香美味的早餐。她做的第一件事就是买了一些鸡蛋回家，并选用自己最喜欢的午餐和晚餐食材，在其中添加一个牛油果、一些葵花子油、橄榄油和海盐做成了煎蛋卷。很快，她感觉自己较之前更轻松了，身体也不再肿胀，变得更加健康、有活力了。显然，吃牛油果煎蛋卷后的血糖曲线更平稳了（见图 3-43 和图 3-44）。

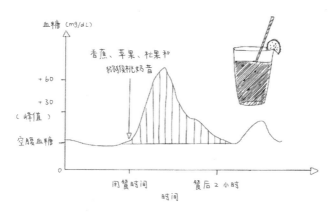

图 3-43　喝香蕉、苹果、杧果和猕猴桃奶昔后的血糖曲线

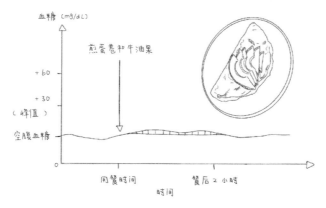

图 3-44　吃牛油果煎蛋卷后的血糖曲线

早餐吃甜食的传统是完全错误的。制作一份属于自己的富含蛋白质、脂肪和纤维的早餐，会让我们获得持久的饱腹感和平稳的血糖曲线。

不仅身体发生了变化，奥利维拉的大脑也发生了改变。在学习上，她的思路更清晰（她在一所设计学校读二年级），学习成绩也更好了。科学家试图探究不同的早餐如何影响我们在认知测试中的表现，以及糖是否能够让我们的大脑更好地工作。后者的答案是不能。关于38份研究的综述并不能得到任何明确的结论，但是，研究指出，任何可以使血糖曲线平稳的早餐都能够提升认知表现。

另外，一天中的第一餐形成的血糖曲线会影响我们接下来一整天的状态。按照奥利维拉的经验，如果没有出现葡萄糖峰值，那么直到下午她都不会感到饿，并且精力充沛。如果出现了高的葡萄糖峰值，由此引发的一系列连锁反应会持续到晚上，如特别想吃东西、饥饿、精力不足。这些连锁反应还会日渐加剧。所以，如果我们只想改善日常饮食习惯的一个方面，那么吃一顿能够使血糖曲线更加平稳的早餐就可以达到最好的效果。并且，我们很快就能够看到效果。

这确实是最实用的改变方法。我们可以提前做好计划。早晨通常是我们意志力最强的时候，身边也鲜少有人来干扰我们，做一份能使血糖水平更正常的早餐可以像煮一碗麦片粥那么简单。下面是一份花5分钟即可制成咸香美味早餐菜单。

GLUCOSE REVOLUTION

5分钟制作一份咸香美味的早餐

你可以将下列任何食材进行混合或者搭配食用。

不需要烹饪：

一个奶油奶酪贝果，在上面放一些生菜叶和几片火腿；

一罐金枪鱼、几个山核桃、几个橄榄果，再淋上橄榄油；

苹果、核桃、几片切达奶酪；

在全脂酸奶中加几片水果，如桃子，再淋上芝麻酱，撒点儿盐；

在希腊酸奶中加 2 汤匙坚果酱和一把浆果，搅拌均匀；

在半个牛油果中拌入 3 汤匙鹰嘴豆泥，淋上柠檬汁、橄榄油，再撒点儿盐；

主要食材为坚果、特别添加了纤维或蛋白质的自制格兰诺拉麦片（通过本书的附录 A 可以了解如何解读包装信息）；

几片火腿和饼干；

几片熏三文鱼，牛油果和番茄；

番茄配马苏里拉奶酪，再淋上橄榄油。

需要烹饪：

一个玉米薄饼，搭配黑豆和切碎的牛油果；

全套英式早餐（鸡蛋、香肠、培根、豆类、番茄、蘑菇和吐司）；

水煮蛋配辣椒酱和牛油果；

香煎哈罗米奶酪配番茄和沙拉；

荷包蛋配清炒绿叶菜；

藜麦粥和煎鸡蛋；

香肠和烤番茄；

在炒鸡蛋中加碎山羊奶酪；

吐司夹煎鸡蛋；

热扁豆和煎鸡蛋。

如果我们还没有下定决心和甜甜的早餐说再见，或者我们和一位固执己见的老人住在一起，而他刚好喜欢早晨一起床就吃煎饼，那么我们需要做的就是，先吃点儿咸香美味的食物，再吃甜食或淀粉类食物。

首先，吃点儿蛋白质、脂肪和纤维，比如一个鸡蛋、几勺全脂酸奶或者"5 分钟制作一份咸香美味的早餐"里的任何食物。然后，补充一些甜食或淀粉类食物，如谷物麦片、巧克力、法式吐司、格兰诺拉麦片、蜂蜜、果酱、枫糖浆、糕点、煎饼、糖以及加糖的咖啡饮品。如果我醒来后真的特别想吃巧克力，我会先吃一盘鸡蛋和菠菜。

还记得窍门 1 中讲过的盥洗盆的比喻吗？如果胃里有其他食物，巧克力、糖，以及淀粉类食物的影响就会减少。

早上不吃甜味早餐不行？那么，试试下列既能够吃上甜味早餐又能够降低葡萄糖峰值的方法。

燕麦。 如果你喜欢吃燕麦（淀粉类食物），那么请和坚果酱、蛋白粉、酸奶、浆果等一起吃。避免添加红糖、枫糖浆、蜂蜜、热带水果或者水果干。你还可以换成奇亚籽布丁，将奇亚籽在无糖的椰奶中浸泡一晚上，再加上一勺椰子油。

巴西莓碗。 巴西莓碗是传统的巴西美食，但是现在在世界各地都可以吃到。巴西莓碗是在一层厚厚的浆果奶昔上面放格兰诺拉麦片、水果和其他食材。因为巴西莓碗是用水果制成的，所以看起来很健康。但是，现在你知道了，这绝对不是什么健康的食物。仔细观察你就会发现，巴西莓碗完全是由糖类和淀粉类组成的。所以，你也可以在其中添加前面讲到的往燕麦中添加的那些东西。

如果你还在惦记龙舌兰糖浆和蜂蜜，想知道哪种才是热量更低的甜味剂，请看接下来的窍门 5。它会告诉你，选择自己喜欢的糖即可，因为它们都一样。

奶昔。 只需要在奶昔里加入一些蛋白质、脂肪和纤维，你就可以在早餐时享用。你可以先在奶昔里加入一些蛋白粉，再加入一些亚麻籽或亚麻仁、椰子油、牛油果、坚果和一杯菠菜等。你可以加一些糖来调味：最理想的方法是加入一些浆果，既能够增加甜味，又能增加比其他水果更多的纤维。我的奶昔配方：2勺蛋白粉、1汤匙亚麻籽油、1/4个牛油果、1汤匙脆杏仁酱、1/4根香蕉、1杯冷冻浆果和一些无糖杏仁奶（见图3-45和图3-46）。

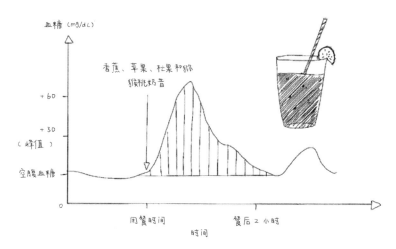

图 3-45　喝香蕉、苹果、杧果和猕猴桃奶昔后的血糖曲线

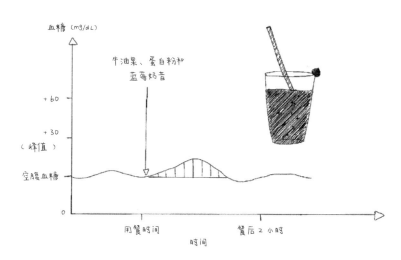

图 3-46　喝牛油果、蛋白粉和蓝莓奶昔后的血糖曲线

奶昔里含有的蛋白质、脂肪和纤维越多，水果越少，食用后的血糖曲线越平稳。

制作奶昔的最简单的经验就是，放到榨汁机中的水果总量不要超过你一口气能吃下的整个水果的总量。

谷物麦片和格兰诺拉麦片。有些谷物麦片要比另一些麦片对我们的葡萄糖水平更友好。要寻找那些在包装上标明其含有高纤维和低糖的产品。（在本书的附录 A 中，我将会解释如何解读包装上的营养成分表，并选出最好的谷物麦片。）然后，把谷物麦片和 5% 的希腊酸奶混在一起吃，注意不要和牛奶一起食用，因为希腊酸奶可以增加混合物中的脂肪。奶昔的最上面再放些亚麻籽和（或）奇亚籽等坚果，用来增加混合物中的蛋白质。如果你喜欢喝甜的，还可以添加一些浆果，注意不要加糖。

格兰诺拉麦片也许看起来很健康，但是它和其他的谷物麦片一样，都含有很多糖。如果你喜欢格兰诺拉麦片，那就挑一个含糖量低、同时坚果等种子类食物较多的品牌。如果能自己动手做，那就更好了。

水果。要想使葡萄糖水平稳定，最好的选择就是浆果、柑橘类水果，或是又小又酸的苹果，因为这些水果的纤维含量高，含糖量少。不建议选择杧果、菠萝和其他热带水果，因为这些水果的含糖量最高。另外，一定要在吃水果之前先吃点儿别的东西。

咖啡。要小心加糖的咖啡。卡布奇诺比摩卡更有利于葡萄糖水平的稳定，因为摩卡含有巧克力和糖。加糖的咖啡会导致葡萄糖水平出现一个很大的峰值，所以尽可能选卡布奇诺、莫式、玛奇朵或者不加糖的拿铁，不要选加香料、糖浆或糖的咖啡。如果你想来一杯加糖的咖啡，可以试着在咖啡中加入一些全脂牛奶或者奶油（脂肪并不可怕），并在上面撒一些可可粉。你也可以喝一些非乳制品，如杏仁奶或者其他坚果类奶产品，但是燕麦牛奶往往会导致更高的葡萄糖峰值的出现，因为燕麦牛奶主要由谷物而非坚果制成，所以比其他奶制品含有更多的碳水化合物。

如果你要在咖啡中加糖，请在喝咖啡之前吃一些能够使葡萄糖水平稳定的食物，哪怕只是一片奶酪。喝淡奶油咖啡后的血糖曲线，比喝香草冰拿铁后的要平稳得多（见图 3-47 和图 3-48）。

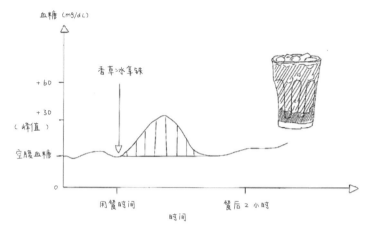

图 3-47　喝香草冰拿铁后的血糖曲线

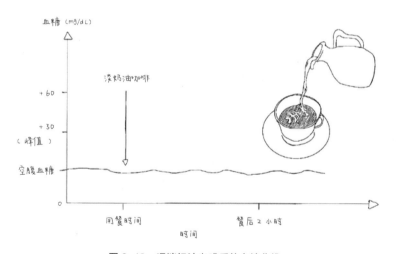

图 3-48　喝淡奶油咖啡后的血糖曲线

Q1 如果我不习惯吃早餐怎么办？

不吃早餐没问题。不管你的第一餐在什么时间吃，道理都是一样的，咸香美味的饭菜是美好生活的第一步。

Q2 早餐是不是也应该按照正确的饮食顺序来吃？

理想情况是这样的，但是如果做不到也不要有太大压力。本书中所讲到的各种饮食窍门都应该在你方便的时候使用。如果有一碗上面撒了坚果等的格兰诺拉麦片酸奶，你想一起喝，没问题。因为我们已经做出了一个很好的选择，添加了酸奶、坚果和谷物，而不是单纯的麦片。

Q3 吃鸡蛋对心脏不好吗？

科学家曾经认为，食用含有胆固醇的食物（如鸡蛋）会增加我们患心脏病的风险。现在，我们知道这种说法并不准确，因为糖才是真正的坏家伙。研究表明，2型糖尿病患者若将早餐中的燕麦片用鸡蛋代替（并保持其摄入的能量不变），他们的炎症会减少，患心脏病的风险会降低。

尝试一下吧 像对待午餐一样对待你的早餐，吃一顿咸香美味的早餐。

早餐吃麦片已经成为很多人的习惯，事实上，这种所谓的"最健康"的观念是错误的。但是，正如本书中讲到的那样，一顿甜甜的早餐正是我们坐上葡萄糖过山车的车票。而一顿咸香美味的早餐，有助于我们在接下来的12小时里抑制饥饿感、食欲，补充精力，提升思维。谷物早餐是我在这里要揭露的不良饮食习惯之一。下一个窍门是关于在我们的饮食和饮料中添加糖、蜂蜜和甜味剂的问题。

窍门5
吃自己喜欢的糖，因为所有糖都一样

你知道《罗密欧与朱丽叶》中"玫瑰即使叫别的名字也一样香"这句话吗？对于糖来说，即使它叫别的名字，仍然会对我们的身体产生同样的影响。

蜂蜜比糖更健康？

我们在窍门3"停止计算热量"中讲过，若想知道一种食物对身体有什么影响，你要研究的是食物中有哪些分子，而不是热量。

事实会让很多人感到吃惊，因为从分子层面来讲，食用糖和蜂蜜确实没有什么区别。食用糖和以下这些糖类食物异曲同工：龙舌兰糖浆、红糖、精制白砂糖、椰子糖、糖粉、德梅拉拉糖、浓缩甘蔗汁、蜂蜜、黑砂糖、枫糖浆、糖浆、棕榈糖、棕榈树糖和红（粗）糖。它们都是由葡萄糖和果糖分子组成的，只是包装不同、名字不同、价格不同而已。

蜂蜜来源于植物的花蜜，但是蜂蜜含有葡萄糖和果糖，就和食用糖一样。红糖（听起来很健康）和白糖的成分几乎完全一样，唯一的区别就是在制作过

程中红糖会被糖浆着色，这让它看起来更健康。而糖浆是在制糖过程中的一种
副产品（见图 3-49 和图 3-50）。

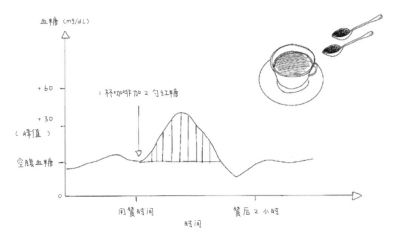

图 3-49　喝完 1 杯加了 2 勺红糖的咖啡后的血糖曲线

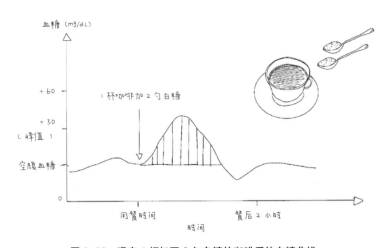

图 3-50　喝完 1 杯加了 2 勺白糖的咖啡后的血糖曲线

很多人认为，红糖要比白糖好，实际上两者没有区别。加了 2 勺白糖的咖啡和加了 2
勺红糖的咖啡，对血糖水平的影响基本一致。

黑砂糖的颜色看起来比红糖的更深，因为黑砂糖含有更多的着色糖浆。精

制白砂糖和糖粉是磨成细粉的食用糖。德梅拉拉糖、红（粗）糖和甘蔗糖看起来是金黄色的，因为它们在提炼过程中被漂白的程度较浅。椰子糖是从椰子中提取的糖，而不是从甘蔗或者甜菜中提取的糖。棕榈糖（或棕榈树糖）是从棕榈树中提取的糖。这样的糖类还有很多。错误的信息也比比皆是。例如，作为椰子糖的最大生产国，菲律宾公布的数据声称椰子糖要比普通的糖更加健康，后来，这种说法被证明是错误的。

现在，你明白了：任何种类的糖，不管它是什么颜色、什么味道、源自何种植物，它在体内分解后仍然是葡萄糖和果糖，都会导致我们身体中出现葡萄糖和果糖峰值。

天然糖更好？

很多人都听说过，蜂蜜和龙舌兰糖浆含有"天然"糖。并且，那些水果干，如杧果干，也含有"天然"糖，因为这些糖来自水果。

"天然"很容易让人相信这些糖比食用糖好。但我们得清楚一点：所有的糖都是天然的，因为所有的糖都来自植物。有些食用糖甚至来源于蔬菜（如甜菜）。但是，它们并没有太大不同。糖没有好坏之分，不管糖来自哪种植物。

糖在体内分解成的分子才是关键：当糖到达我们的小肠时，生成的物质只是葡萄糖和果糖。我们的身体对糖的消化、吸收是一样的，不会因为这种糖来自甜菜、龙舌兰，或者杧果而有所不同。一旦水果的形态被改变，经过了加工，其中的纤维被剔除了，那么它就变成了糖，和其他的糖一样。

确实，在一些水果干中，仍然会存在少量纤维。但是，因为水果干中的水分都没有了，所以比起吃整个的水果，我们吃的水果干量更大，吃的糖也会更多。这与大自然所期望的是相悖的，而引发的后果就是我们的身体会出现更多的葡萄糖和果糖峰值（见图3-51）。阿曼达用亲身经历论证了这一点。

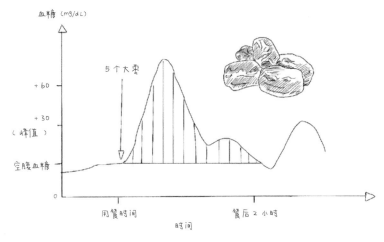

图 3-51　吃 5 个大枣后的血糖曲线

干果，如大枣，含有高度浓缩的糖，所以能够导致很高的、不健康的葡萄糖峰值的出现。

阿曼达的控糖故事

　　阿曼达马上 30 岁了，自称是养生达人。她非常关注饮食，定期锻炼，甚至在第一次怀孕时都坚持锻炼。这也是被诊断出患有妊娠糖尿病后，她会感到震惊的原因。阿曼达很害怕，为自己和孩子担心，同时，她也担心被朋友们和家人非议。亲友也不敢相信医生的诊断。他们觉得阿曼达很健康，怎么可能患有妊娠糖尿病呢？

　　随着预产期的临近，阿曼达的血糖水平在不断升高，她的胰岛素抵抗综合征也越来越严重。她感觉自己快崩溃了，因为她真的认为自己的饮食很健康，包括吃很多水果干来满足她对吃糖的渴望。

　　阿曼达写信告诉我，她在控糖女神账号上找到了一些控糖资料，借此慢慢找回了一点儿掌控权。她了解到很多健康的人也会得妊娠糖尿病，于是决定自己做一些事情来使血糖曲线平稳，从而避免继续使用药物。

　　于是，她戒掉了原来每天都要吃的水果干，开始吃咸香美味的早餐，并把燕麦换成了鸡蛋。这些小小的改变帮助她很好地控制住了妊娠糖尿病，她在孕后期一直保持着健康的体重，并且不需要继续吃药（见图 3-52 和图 3-53）。

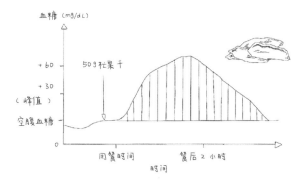

图 3-52　吃 50g 杜果干后的血糖曲线

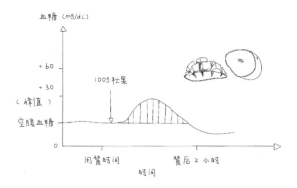

图 3-53　吃 100 g 杜果后的血糖曲线

水果干看似健康，其实不然。水果干确实含有一些纤维，但是它的大多数成分和食用糖一样，所含浓缩葡萄糖和果糖会像海啸一样，对我们的身体造成冲击。吃 50 g 杜果干后的血糖波动情况比吃 100 g 杜果后明显得多。

当她告诉我她的儿子出生了，母子健康平安时，我真为她感到高兴。

Q1 龙舌兰糖浆比白糖更健康吗？

在怀孕期间，也有人和阿曼达说过，龙舌兰糖浆比糖更适合她，这是怎么回事？让我们来看一下吧。

尽管我们可以不管糖的来源，因为糖就是糖，但是不同的糖含有的葡萄糖和果糖分子的比例确实是不同的。有些糖含有更多的果糖，而有些糖则含有更多的葡萄糖。

龙舌兰糖浆经常会被推荐给糖尿病患者和妊娠糖尿病患者，因为相对于食用糖，龙舌兰糖浆的血糖生成指数并不高。这是真的，它确实让我们的身体有较低的血糖水平。但是，这是因为相对于食用糖来说，龙舌兰糖浆含有的果糖较多而葡萄糖较少。龙舌兰糖浆中的果糖含量大约为80%，而食用糖中的果糖含量大约为50%。所以，尽管龙舌兰糖浆能够使葡萄糖峰值稍微小一点，但是其引起的果糖峰值会更高。

通过回顾第一部分的内容我们可以知道，与葡萄糖相比，果糖对身体造成的危害更大。它不仅会转化为脂肪，使我们的肝脏不堪重负，还会导致胰岛素抵抗综合征，让我们体重增加的同时，缺乏饱腹感。因此，尽管龙舌兰糖浆比食用糖含有更多的果糖，但是它确实会比食用糖对我们的健康造成更不利的影响。

所以，不要轻易相信商家的炒作。

Q2 蜂蜜中含有的抗氧化剂多吗？

这个问题与"果汁中的维生素含量高吗？"在本质上是同类问题。答案是一样的。为了获得其中的抗氧化剂而吃蜂蜜是不理智的，就像为了获取维生素而喝果汁一样不明智。是的，蜂蜜中有抗氧化剂，果汁中也有维生素，但是这些都弥补不了其含有的大量葡萄糖和果糖对身体造成的不良影响。并且有一个有趣的事实：蜂蜜中并没有那么多的抗氧化剂。我们在半颗蓝莓中就可以找到一茶匙蜂蜜中含有的抗氧化剂的量。这是真的，半颗蓝莓就可以！

选择自己喜欢的糖。我们不需要靠吃糖活下去。我们的身体不需要果糖，只需要葡萄糖。如果我们没有吃葡萄糖，身体也可以自己生成葡萄糖，所以我们不需要通过吃糖来获取能量。记住，糖实际上会降低我们获取能量的能力。

不管糖来自哪里，既然所有的糖都是为了获得快乐才吃的，那么选择一种你最喜欢的吧，并愉悦地享用它。相较于食用糖，如果你更喜欢蜂蜜的口感，那就选蜂蜜吧。如果你喜欢用红糖来做烘焙，这也是不错的选择。

尽量选择水果作为甜品。当我们想吃甜的东西时，最好的选择就是完整的水果。记住，大自然希望我们用这种方式来获取葡萄糖和果糖：少量地、多次地，并且和纤维一起。所以，你可以在燕麦粥里放几片苹果来代替食用糖，在酸奶中加一些浆果而不是蜂蜜（见图 3-54 和图 3-55）。

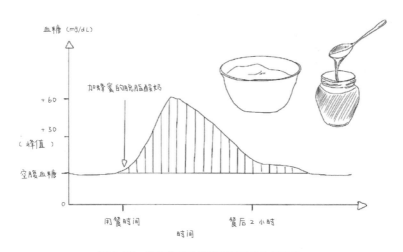

图 3-54　吃加蜂蜜的脱脂酸奶后的血糖曲线

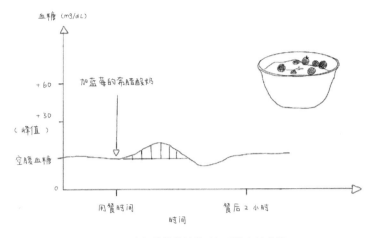

图 3-55 吃加蓝莓的希腊酸奶后的血糖曲线

加蓝莓的、脂肪含量为 5% 的希腊酸奶和加蜂蜜的脱脂酸奶一样甜，但却会带来更平稳的血糖曲线。

其他可以巧妙地添加在燕麦粥和酸奶中的食物包括：肉桂、可可粉、可可豆、无糖的可可碎或者无糖的坚果酱。我知道这听起来有些奇怪，但是坚果酱尝起来很甜，这会是一个值得期待的甜点组合。

人造甜味剂。我们知道很多糖是"天然"糖，那么那些人造甜味剂呢？

有些人造甜味剂会使我们的胰岛素水平出现峰值，这意味着它们会促使我们的身体储存脂肪，从而导致体重增加。

研究表明，当人们从饮用无糖苏打水改为喝水，并且不改变他们所摄入的热量时，他们的体重会下降得更多。在一项研究中，实验者的体重在 6 个月内多下降 0.9 kg。

无糖的红牛饮料含有阿斯巴甜。尽管科学上还没有一个确切的解释，但是可以确定的是阿斯巴甜可能会导致胰岛素峰值的出现。在喝了无糖的红牛饮料之后，我的血糖水平出现了下降，这是由胰岛素激增导致的（见图 3-56 和图 3-57）。

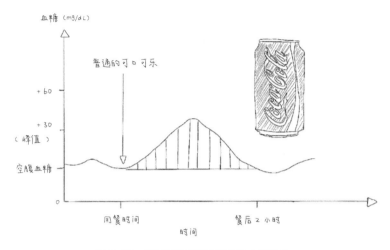

图 3-56　喝普通的可口可乐后的血糖曲线

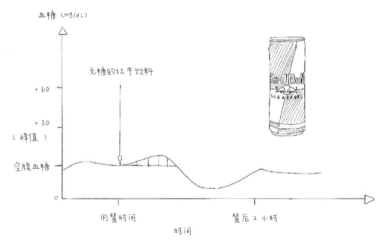

图 3-57　喝无糖的红牛饮料后的血糖曲线

　　人工甜味剂不仅热量低，还能满足我们对甜味食物的渴望，因此我们会认为多吃一块饼干并无大碍。事实上，人工甜味剂还可能改变肠道菌群的组成，而这会对我们的身体造成负面影响。

　　对葡萄糖水平和胰岛素水平没有副作用的最佳甜味剂包括：

- 阿洛酮糖
- 罗汉果
- 甜叶菊（要找纯的甜叶菊提取物，因为有一些产品中有能够导致葡萄糖峰值出现的物质。）
- 赤藓糖醇

有一些人工甜味剂建议大家要避免食用，因为这些甜味剂会使胰岛素水平和（或）血糖水平升高，尤其是当它们与食物结合时，还会引起其他健康问题。这些甜味剂包括：

- 阿斯巴甜
- 麦芽糖醇（消化后转化为葡萄糖）
- 三氯蔗糖
- 木糖醇
- 安赛蜜

甜味剂并不是糖的完美替代品。很多人不喜欢它们的味道，甚至有些人会因为吃了甜味剂而头疼或胃疼。并且，说真的，它们的味道并不比糖更好。早餐奶昔中加一些罗汉果是可以的，但有时候你最好还是直接吃它，比如说吃烤无花果。在我看来，最好是使用天然甜味剂来使我们摆脱对甜味产品的依赖，因为甜味是会让人上瘾的。

Q3 无糖汽水中的甜味剂怎么样？

我们要明确一点：在不考虑其他情况时，喝含有人工甜味剂的无糖汽水比普通的汽水要好。但是，无糖汽水和水不同。无糖汽水含有人工甜味剂，这会导致一些我上面讲过的有害的后果。

吃甜食上瘾的难题。吃甜食很容易上瘾。我也曾经上瘾过。这种感觉不是我们的错，甜味会激活我们大脑中的成瘾中枢。吃的甜食越多，我们就会越想吃甜食。

为了慢慢摆脱对甜食的依赖，你可以做一些事情。例如，把咖啡中的糖换成阿洛酮糖，随着时间的推移，慢慢减少加糖量。或者，当你下次想吃糖的时候，试着吃个苹果。又或者，当你特别想吃糖的时候，告诉自己吃糖的危害，并做几次深呼吸。根据我的经验，通常坚持20分钟，这种感觉就会消失。但是，如果你仍然在想吃糖的痛苦中无法自拔，那么试着吃点儿别的，可以吃一些含脂肪的食物，如奶酪，这样做很可能会有用。我也喜欢喝一些带有天然甜味的茶，如肉桂茶或者甘草茶。这对我很有帮助。

如果你还是想吃甜的东西，那么不带有罪恶感地吃下去是最好的选择。我们不太可能完全去除饮食中的糖，有时吃一些糖并没有关系。如果过生日的时候吃的是抱子甘蓝而不是生日蛋糕，过生日对你也就没什么吸引力了。

如果我们在吃甜食时不是拼命去抗拒，而是经过深思熟虑，并且能快乐地接受它，认为这就是我们生活的一部分，会怎么样呢？

妈妈做生日蛋糕（带有脆脆的、有光泽的和甜甜外壳的巧克力蛋糕）时，我会吃糖；祖母做布里加迪罗（一种美味的巴西甜点，由巧克力和加糖的炼乳制成）时，我会吃糖；吃自己喜欢的冰激凌（哈根达斯比利时巧克力口味，上面有两勺巧克力软糖）时，我会吃糖；吃美味的巧克力（你现在可以猜到我喜欢什么巧克力吗？）时，我也会吃糖。其余的时间，如果我想吃甜食，我会吃浆果、罗汉果、杏仁酱或者可可豆。

经常有人问"我晚上临睡前会喝蜂蜜和牛奶，这样可以吗？""我在吃煎饼的时候加枫糖浆是不是不好？"诸如此类的问题。我的回答是："如果你真的特别喜欢吃，那就吃吧！哪怕接下来会出现葡萄糖峰值，也是值得的。"

适量的糖是可以的

我们也应该试着放弃对自己许下不可能兑现的诺言。我也曾经承诺"从明天开始，再也不吃纸杯蛋糕了""这是我买的最后一块巧克力"。然而，当我们为了改变生活方式而不允许自己吃某种食物如饼干时，通常是行不通的，一旦到了忍无可忍的时候，我们会把饼干罐吃空。

我们经常告诉自己，如果不能够把一件事情做到极致，如坚持节食，就干脆别去做。其实不是这样的，尽自己最大的努力去做才是正确的。

当开始感觉好一些的时候，你的食欲就会消失。这时，你会惊讶地发现，减少糖的摄入量其实很容易。

我在前面说过，如果早餐时没有吃糖，你可以在当天晚些时候享用它。接下来的 3 个窍门将会告诉你怎样才能一边吃糖一边保持血糖曲线平稳。这意味着你可以在没有增加体重、不会加深皱纹、没有出现动脉粥样硬化斑块，不会遭受高血糖水平带来的短期或长期影响的同时，还能吃到自己喜欢的食物。这听起来不可思议，但这就是科学。

窍门6
选择餐后甜点而不是甜甜的零食

饭后，我们常常会很快进入下一项活动，如洗碗、工作或者静静地度过剩下的一天时间。当我们吃完东西之后，有些器官才刚刚开始工作，并且要持续工作平均 4 小时。这段忙碌的时间就是餐后状态。

餐后会发生什么

餐后是我们一天之中激素和炎症变化最大的时期。为了消化、分类和存储我们刚刚吃下的食物中的分子，血液会涌入消化系统，我们体内的激素水平会像潮水一样上涨，有些系统（包括免疫系统）会被暂停运作，而另一些系统的功能（如脂肪存储）则会被激活。胰岛素水平会升高，氧化应激和炎症会增加。餐后的葡萄糖或者果糖峰值越高，我们的身体就越难应对餐后状态，因为它不得不管理更多的自由基、糖化反应和分泌的胰岛素。

餐后状态很常见，但同时，我们的身体也需要努力应对它。摄入的葡萄糖和果糖量不同，身体处理一餐所需的能耗也不同。一天 24 小时，我们大约有 20 小时都处于餐后状态，因为我们每天平均要吃 3 顿饭和 2 份零食。这和过去是不同的，早在 20 世纪 80 年代之前，人们在两餐之间并不会频繁吃零食，他们每天只有 8 ~ 12 小时的时间处于餐后状态。零食和低腰牛仔裤一样，都是 20 世纪 90 年代才开始流行的。

在非餐后状态时，身体的负担没那么重。我们的器官会执行清理任务，新的细胞会代替受损的细胞，身体会被清理干净。例如，在我们几小时没有吃东西后，小肠会发出咕噜咕噜的声音，这就是我们清空的消化系统在清理它的内壁。在非餐后状态时，胰岛素水平会下降，如此我们就能够重新燃烧脂肪，而不是囤积脂肪。

你可能听说过，史前时期，人们即使长时间不吃东西也不会危及生命。这是因为我们能够轻松地将我们吃的最后一顿饭产生的葡萄糖或者身体储备的脂肪转化为燃料。我们之前讲过，这种转化能力被称为新陈代谢灵活性。这是判断新陈代谢是否健康的一个重要标准。

还记得玛丽吗？她之前总要带着一个装满零食的大包出门，是一个典型的新陈代谢灵活性低的例子。每 90 分钟玛丽就需要吃点儿东西，因为她的细胞每隔几小时就需要葡萄糖作为燃料。在玛丽改变了饮食方式，重新训练她的细胞用脂肪作为燃料后，她可以几小时不吃东西了。玛丽提升了自己的新陈代谢灵活性。

为了提升自身新陈代谢灵活性，我们要一顿饭多吃一点儿，吃得更饱一点儿，这样，我们就不需要每隔 1 ~ 2 小时就吃零食。这与现在流行的"少食多餐"的观点相悖，但却是经过研究证明了的。2014 年，捷克的科学家在 2 型糖尿病患者中做了测试。他们确定好每日的热量限额，并让其中一组参与者在两顿大餐中摄入这些热量，而另一组参与者将这些热量分成六顿小餐。吃两顿的参与者不仅体重比另一组减轻得更多（3 个月内，吃两顿的人减掉了约 3.6 千克，吃六顿的减掉了约 2.3 千克），并且，他们同健康相关的关键指标也都有所改善：他们的空腹血糖更低了，脂肪肝减轻了，胰岛素抵抗减弱了，同时胰腺细胞也变得更加健康了。身体摄入相同的热量，效果却不尽相同。我又要提到自己最热衷的话题了：热量并不意味着一切。

另一种使新陈代谢更健康的方法就是所谓的断食疗法。你可以进行时长为6 小时、9 小时、12 小时或者 16 小时的禁食，也可以选在某个时间或者某几天大幅减少热量的摄入量。但是本章要讲的不是这些。本章要讲的内容是一个关于葡萄糖峰值的最新研究：如果你想吃一些甜食，那么最好将其作为餐后甜点，而不是在一天中空腹时吃零食。了解餐后状态是理解这个问题的关键。

为什么餐后甜点可以吃

不吃零食，可以使自己的身体系统保持更长时间的非餐后状态。这就意味着我们的身体有时间进行上述的清理工作。如果餐后再吃甜点，会减缓由甜点造成的葡萄糖峰值的出现速度。这是因为先吃纤维和蛋白质类食物，再吃糖类和淀粉类食物（不要放在最先吃，也不要当成零食来吃），意味着糖和淀粉从胃到小肠的速度可以更慢（参见窍门 1）。例如，相同量的菠萝，如果在不同的时间吃，会导致不同的葡萄糖峰值的出现。如果将菠萝作为餐后甜点，那么这顿饭和菠萝会产生一个更小的葡萄糖峰值。虽然在此期间会有一个小的反应性低血糖现象，但是相对于作为零食吃的菠萝所产生的巨大的葡萄糖峰值来说，这只是一个小问题。葡萄糖峰值越高，出现的症状就越多（见图 3-58 和图 3-59）。

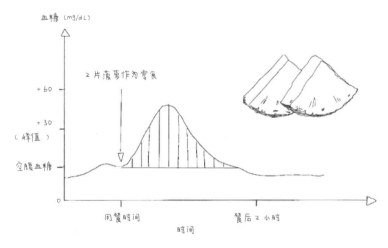

图 3-58　空腹吃 2 片菠萝（作为零食）后的血糖曲线

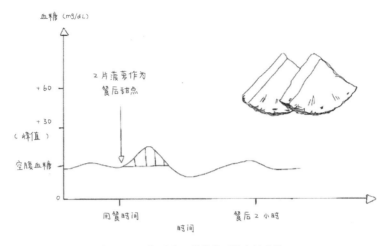

图 3-59　餐后吃 2 片菠萝后的血糖曲线

一样的菠萝，不同的吃法会导致不一样的葡萄糖峰值的出现。

所以，不管是水果、奶昔、糖果棒还是饼干，如果你想吃的话，一定要在饭后吃。空腹喝水果奶昔要比午饭后喝水果奶昔引起血糖水平更大的波动（见图 3-60 和图 3-61）。

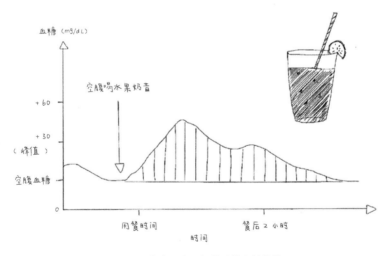

图 3-60　空腹喝水果奶昔后的血糖曲线

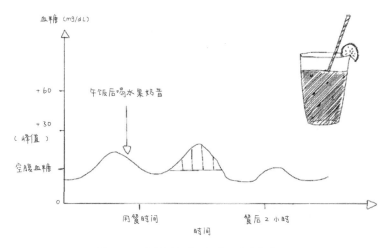

图 3-61　午饭后喝水果奶昔后的血糖曲线

尝试一下吧　如果在两餐之间特别想吃点儿甜的东西，那么请把甜食放进冰箱或者其他别的地方，然后在饭后把它当作餐后甜点来吃。

加迪尔的控糖故事

　　住在科威特的加迪尔是一名专职翻译，也是 3 个孩子的妈妈。自从 13 岁第一次来月经开始，她就备受多囊卵巢综合征折磨。她需要应对该病症引发的所有症状，从痤疮到情绪波动，再到体重增加。她还经历了几次流产。几年前，在加迪尔 31 岁的时候，她被诊断出患有胰岛素抵抗综合征，月经也完全停了。

　　医生鼓励加迪尔改变生活方式，吃好点，多锻炼。这是一个非常模糊的建议，她不知道如何着手，也没有动力做出改变。她根本不相信这些改变可以控制自己的病情，直到有一天她偶然发现了控糖女神账号。

　　加迪尔豁然开朗。胰岛素抵抗综合征和多囊卵巢综合征是相关联的。两者都有一个相同的诱因——血糖失调。这个发现改变了加迪尔的生活。尤其在知道自己的症状不需要节食就可以得到改善后，加迪尔非常激动。因为她之前一直在节食，好像已经实施了上百次。她已经厌倦了节食，再也不想重来一次。

加迪尔尝试了以下几个窍门。她开始按照正确的顺序吃饭，并用茶来代替果汁、用罗汉果汁代替糖。她还是会吃巧克力和糖果，因为实在太爱吃了，但她改为将巧克力和糖果作为餐后甜点而不是当作零食。她现在一天只吃3顿饭，而不是3顿饭再加上零食。

3个月后，加迪尔的月经又回来了。她身上还发生了一些其他的变化：平均血糖水平由原来的162 mg/dL 降到了90 mg/dL；她瘦了近10 kg，并摆脱了多囊卵巢综合征和胰岛素抵抗综合征的症状。她感觉自己对待孩子也更有耐心了。"在前半生中，我从来没有像现在这样感觉好过。现在的身体就像是我的朋友。"

加迪尔的变化太大了，让她的医生都惊叹不已。"你做了什么？"医生问她。她和医生分享了她学到的一切。

> GLUCOSE REVOLUTION

Q1 我应该一天尽量只吃一餐或者两餐吗？

没有必要对自己要求那么高。有些人发现自己非常适合这种间隔性的禁食，但它并不适合所有人。研究表明，禁食对男性的好处更为明显，但是对处于育龄阶段的女性来说，禁食时间太久或者禁食太频繁可能会导致激素紊乱以及其他生理压力。试试一日三餐，看看感觉怎么样。

Q2 想吃夜宵怎么办？

如果你习惯在晚餐后几小时吃甜甜的零食，更好的办法是将甜甜的零食作为餐后甜点。如果夜宵无法避免，那么继续往后阅读，看看有没有其他的窍门可以帮到你。

Q3 怎样才能知道自己的新陈代谢是否足够灵活？

如果你能够在两餐之间轻松地走步 5 小时，而不会感到头晕眼花、浑身发抖或者出现"饿怒症"，你的新陈代谢应该是极具灵活性的。

吃甜食的最佳时间是在你刚吃完一顿含有脂肪、蛋白质和纤维的餐食之后。当我们空腹吃糖的时候，随着葡萄糖和果糖水平的飙升，我们的身体系统会处于餐后焦虑状态。如果你不能避免空腹吃糖，如生日派对的邀请、工作日的烘焙大赛，或者和心上人一起吃冰激凌，那么还有别的办法。继续往后阅读，来发现另一个超酷的窍门吧。

窍门 7
吃饭之前喝点儿醋

你会在布朗尼蛋糕上面洒点儿醋吗？我想你不会。别担心，这也不是我要给的建议。我要说的是一种混合醋汁，你可以在下次吃甜点之前先小口啜饮。不论这个甜点是餐后甜点，还是在某些场合作为小零食单独来吃的甜点，你都可以这么做。

配方很简单，但是效果很明显。在一大杯水中加入一汤匙醋混合而成的醋汁，在吃甜食前的几分钟先喝它，就会使随后出现的葡萄糖和果糖曲线变得平稳。通过这种方式，食欲会被抑制，同时还会燃烧更多的脂肪。这还是一个非常便宜的窍门，在街角的商店里，一瓶醋的售价不到 10 美元，里面含有超过 600 汤匙的醋。

醋是一种酸味液体，多由酒精发酵制成。这要归功于醋酸菌将酒精转化为醋酸。这些细菌一直存在于我们的世界之中，甚至存在于我们呼吸的空气中。如果你将一杯葡萄酒放到桌子上，然后出去度假，那么，当过几周后回来，你会发现酒可能已经变成醋了。

几个世纪以来，喝醋一直被吹捧为一种保健疗法。在 18 世纪，它甚至成了糖尿病患者的药茶饮。在伊朗，不同年龄段的人每天都会喝很多次不同浓度的醋。

醋的常见品种包括米醋、白酒醋、红酒醋、雪利酒醋、香醋和苹果醋。然而，在所有这些醋中，有一种最受欢迎，那就是苹果醋。原因是大多数人发现当苹果醋被一大杯水稀释后，味道尝起来要比其他醋的更好一些。但是，所有的醋对葡萄糖的作用都是一样的，所以选择一个你喜欢的味道即可。注意，柠檬汁并不能产生同样的效果，因为它含有的是柠檬酸，而不是醋酸。马纳兹的祖母会制作苹果醋，而他们整个家族都有喝苹果醋的习惯。

马纳兹的控糖故事

"我们家几代人都喝苹果醋，"来自德黑兰的控糖女神社区的成员马纳兹解释说，"我的祖母会做苹果醋，然后把它分给所有的家庭成员。我们喝醋，既因为它是我们文化的一部分，又因为喝醋对身体有好处的说法代代相传。至于究竟有什么好处，我之前并不知道，直到我发现了你的账号。"

下面是马纳兹祖母的苹果醋配方，如果你也想自己做，可以试一下：

- 将洗干净的、甜甜的苹果捣成糊状。
- 将苹果糊倒入桶中。
- 盖好盖子，放置在温暖的地方（最好阳光充足）发酵，静置 10 ～ 12 个月。
- 醋里有昆虫也没有关系，这是好醋的标志。所以，看到小虫子时不要惊慌，这些小虫子只是在帮忙。
- 发酵完成后，用纱布将液体仔细过滤两次。

> GLUCOSE REVOLUTION

尽管人们已经喝了几百年的醋，但是直到最近，科学家们才弄清楚醋有益健康背后的原理。

在过去的 10 多年里，全球已经有几十个研究小组针对醋对我们身体的影响做了评估。大多数的研究是这样开展的：首先组织一个人数为三十到几百不等的实验小组。然后，让小组中一半的人在餐前喝一大杯加了 1 ~ 2 汤匙的醋汁，连续喝 3 个月；并让对照组服用安慰剂，即一种尝起来像醋，但实际不是醋的饮料。接着，跟踪受试者的体重、血液指标和体质。确保两个小组都保持相同的饮食、运动、休息等作息规律，他们被密切照看，连吃的爆米花（零食）都一样。

研究人员发现，连续 3 个月在餐前喝醋汁的受试者，体重减轻了 1 ~ 2 kg，并且他们的内脏脂肪、甘油三酯的水平都有所下降。在一项研究中，两个小组的成员都执行严格的节食计划，并且喝醋小组和对照组摄入相同的热量。结果是，喝醋小组减掉的体重（5 kg）几乎是对照组（2.3 kg）的 2 倍。巴西的一个研究小组解释说，这是因为醋有减脂作用，且要比许多被吹捧为脂肪燃烧剂的保健品更有效果。

喝醋的好处有很多。对于非糖尿病患者、胰岛素抵抗人群和 1 型或者 2 型糖尿病患者，只要每天喝一汤匙醋就可以显著降低他们的葡萄糖水平。对于患有多囊卵巢综合征的女性，喝醋的效果也很明显：在一项小型研究中（在证实这项研究结果之前肯定还需要重复实验），在坚持每天喝一杯醋汁之后，4/7 的停经女性在 40 天之内恢复了月经。

下面是所有参与者的身体都发生的变化：若他们在吃富含碳水化合物的大餐前喝一杯醋汁，那顿饭所导致的葡萄糖峰值降低了 8% ~ 30%。同时，我们还发现了一个重要的线索：在餐前喝醋后，产生的胰岛素也会减少（一项研究表明，胰岛素会减少约 20%）。这告诉我们，喝醋并不会通过增加体内的胰岛素的量来使血糖曲线平稳。这是一件非常好的事情。确实，你可以通过注射胰岛素，通过服用药物使血糖曲线变得平稳，因为这些行为会使身体拥有更多的胰岛素。体内的胰岛素越多，就会有更多的肝脏、肌肉和脂肪细胞来去除血液中多余的葡萄糖，并迅速地将其储存起来。尽管胰岛素能够使血糖水平下降，但是它同样能够造成炎症加剧和体重增加。我们真正想做的是在不增加体内胰岛素总量的前提下，使我们的血糖曲线变得平稳。这就是醋的作用。

那么醋在人体内是如何工作的呢？我做了一个实验来论证"醋能够抑制葡萄糖水平的飙升"。先喝一瓶苹果醋汁，再吃巧克力后的血糖波动情况比只吃巧克力后的更平稳（见图 3-62 和图 3-63）。

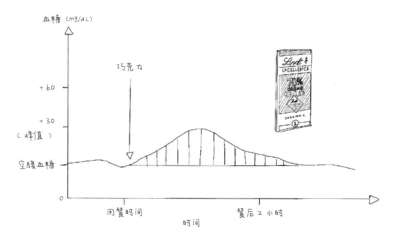

图 3-62　吃巧克力后的血糖曲线

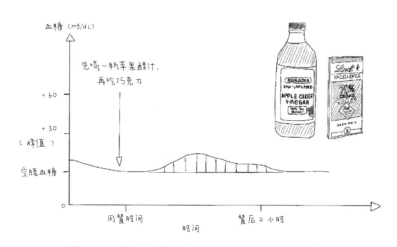

图 3-63　先喝一瓶苹果醋汁，再吃巧克力后的血糖曲线

醋的工作原理

植物和人类拥有一种相同的酶——α-淀粉酶。这种酶会将植物中的淀粉和人类吃进嘴里的面包转化为葡萄糖。科学家已经证实，食醋中的醋酸会暂时抑制 α-淀粉酶的活性。因此，糖和淀粉转化为葡萄糖的速度就会变得更慢，葡萄糖对我们系统所造成的冲击也更缓和。你可能想到了，在窍门1"正确的饮食顺序"中，纤维对 α-淀粉酶也会造成这种影响，这也是纤维能够使我们的血糖曲线变得平稳的原因之一。

一旦醋酸进入血液，它会渗透到我们的肌肉中。在那里，它会刺激我们的肌肉比原来更快地制造糖原，这会使葡萄糖以更高的效率被吸收。

这两个因素，即葡萄糖在体内释放的速度更慢，同时我们的肌肉吸收葡萄糖的速度更快，就会使体内自由流动的葡萄糖更少，因此出现的葡萄糖峰值也更小。

更重要的是，醋酸不仅可以减少胰岛素的分泌量（这有助于我们回到脂肪燃烧模式），还可以诱发某些特定的 DNA 重新编码，使我们的线粒体燃烧更多的脂肪。

吃饭之前喝点儿醋对身体的意义

这个窍门对我们吃甜食和淀粉类食物都很有助益。或许，你已经准备好吃一大碗意大利面。又或许，你要准备吃掉那个本来要留作餐后甜点的樱桃派。又或许，你正在参加生日派对，并且不得不吃掉那块巧克力蛋糕（你应该庆幸他们没有用抱子甘蓝代替蛋糕）。那么，先喝点儿醋来抵消葡萄糖峰值带来的副作用吧。

先倒一大杯水（有些人发现热水更好），然后放 1 汤匙醋进去。如果你不喜欢这种味道，可以在刚开始放 1 茶匙醋或者再少点，然后逐渐加量。然后拿一根吸管，在吃饭前 20 分钟，或者吃饭过程中，或者餐后 20 分钟内喝完这杯醋汁。

任何种类的醋都可以。一汤匙米醋配一碗白米饭有助于稳定你的血糖水平。吃 1 杯米醋汁配 100 g 米饭后的血糖波动情况比只吃 100 g 米饭后的更平稳些（见图 3-64 和图 3-65）。

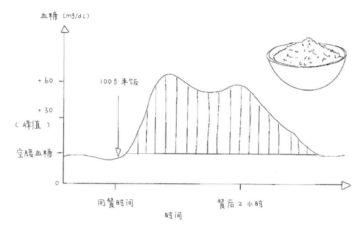

图 3-64　吃 100 g 米饭后的血糖曲线

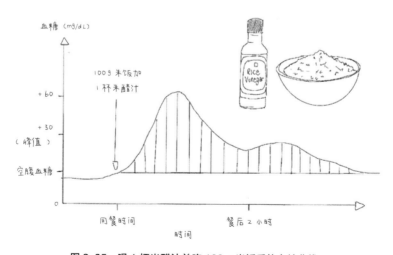

图 3-65　喝 1 杯米醋汁并吃 100 g 米饭后的血糖曲线

同样，吃咖啡冰激凌和 1 汤匙苹果醋后的血糖波动情况比只吃咖啡冰激凌后的更平稳（见图 3-66 和图 3-67）。

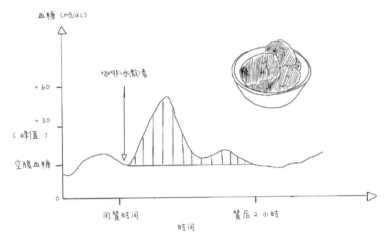

图 3-66　吃咖啡冰激凌后的血糖曲线

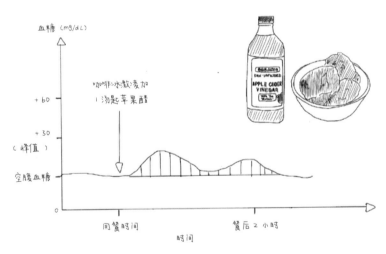

图 3-67　吃咖啡冰激凌并喝 1 汤匙苹果醋后的血糖曲线

还有一个更为简单的方法可以实践这个窍门：在你的餐前开胃菜中加点儿醋。在对醋和葡萄糖峰值的研究中首次发现，食用两种不同的餐饭：一组先吃加橄榄油的沙拉，然后吃面包；另一组先吃加橄榄油和醋的沙拉，然后吃面包。食用油醋汁调料的参与者的葡萄糖峰值下降了31%。所以，下次在吃开胃菜时，你可以用油醋汁代替酸奶油沙拉酱。先吃加橄榄油和醋汁的沙拉，再吃1碗米饭后的血糖波动情况比先吃加橄榄油的沙拉，再吃1碗米饭后的更平稳（见图3-68和图3-69）。

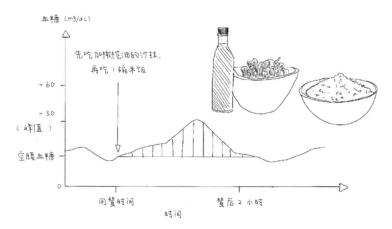

图 3-68 先吃加橄榄油的沙拉，再吃 1 碗米饭后的血糖曲线

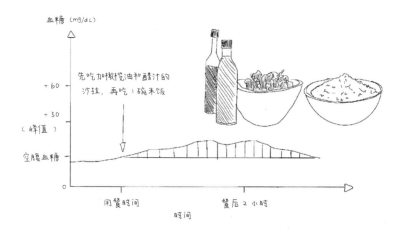

图 3-69 先吃加橄榄油和醋汁的沙拉，再吃 1 碗米饭后的血糖曲线

就餐前开胃菜而言，对血糖最有利的调料就是加醋的任何调料，可以加一些传统的醋。

用醋来控制葡萄糖峰值非常管用，尤其是在吃容易导致葡萄糖峰值出现的大餐后。不过，其实醋在任何时候都可以用，这取决于你的决心。接下来，我会分享更多用到醋的食谱。

需要说明的是，不能因为开始吃醋就继续不良的饮食习惯。醋能够调节葡萄糖峰值，但是并不能消除峰值。在吃饭时加点儿醋确实会对你有所帮助，但这并不是你吃更多糖的理由，因为总体来说，吃更多的糖会让你的身体状况比原来更糟糕。马纳兹的另一个故事证实了这一点。

马纳兹的控糖故事

马纳兹的妈妈在 16 年前第 3 次怀孕后被诊断出 2 型糖尿病。尽管家里有苹果醋（喝醋本身并不会让人们彻底远离糖尿病），但她很难仅靠喝醋来控制病情。所以，马纳兹给妈妈分享了本书中的一些窍门。马纳兹的妈妈开始按照建议的顺序吃咸香美味的早餐，并继续保持喝醋汁的习惯。4 个月后，她的空腹血糖从 200 mg/dL 降到了 110 mg/dL，病情有了很大程度的好转。

> GLUCOSE REVOLUTION

我说这些是为了提醒你，本书中的窍门就像是工具箱中的工具，有些窍门可能会比另一些更容易操作。在不同的情况下，有些窍门带来的效果可能会比另一些更好。你用得越多，你的血糖曲线就越容易变平稳。

Q1 为什么要用吸管喝醋？

尽管稀释后醋的酸性不足以损坏牙齿的牙釉质，但为了安全，我还是建议大家用吸管来喝。千万不要拿起瓶子大口喝。但如果是作为其他食物的一部分，如油醋汁调料，那就拌好直接吃吧。

Q2 喝完醋汁之后多久可以吃饭？

　　饭前 20 分钟之内或者饭后 20 分钟喝醋汁，也可以边吃饭边喝，效果接近。法式炸薯条和醋一起食用后的血糖曲线，比只吃法式炸薯条后的血糖曲线更平稳（见图 3-70 和图 3-71）。

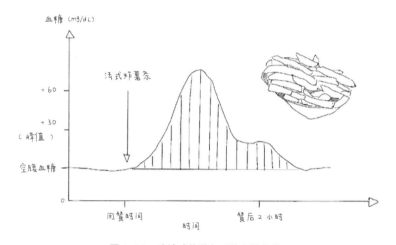

图 3-70　吃法式炸薯条后的血糖曲线

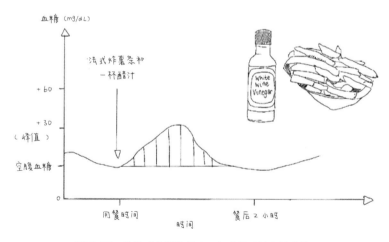

图 3-71　吃法式炸薯条并喝一杯醋汁后的血糖曲线

所有的食用醋都有效果，这里用的是白葡萄酒醋。英国人吃薯条时喜欢蘸醋的做法是非常正确的。

Q3 喝醋有什么副作用吗？

只要你坚持喝食用醋，也就是酸度为 5% 的醋（清洁用的醋酸度为 6%，经常出现在超市中的拖布或者卫生纸旁边，请不要喝！），就不会有副作用。对有些人来说，醋会刺激他们的黏膜，也可能会引起胃灼热。所以，不建议患胃病的人使用该窍门。这项建议只是以防万一，因为没有研究测试过醋对胃的具体影响。醋似乎不会损害胃内壁，它的酸性其实比胃液要低，甚至比可口可乐或者柠檬汁的酸性还要低。一切行为取决于你自身的情况，倾听你自己身体的声音。如果醋并不适合你，那么不要勉强。

Q4 喝多少醋有限制吗？

有限制。一位 29 岁的女性坚持 6 年每天喝 16 汤匙的醋，之后她因为体内钾盐、钠盐和碳酸氢盐含量过低而住进了医院。所以，不要像她这么做。她喝太多醋了。但是，若用一大杯水稀释一汤匙醋汁，那么大部分人还是可以每天喝几次的。

Q5 孕期或者哺乳期可以喝醋吗？

大多数食用醋都会经过巴氏消毒，可以安全食用。不过，苹果醋通常不会进行巴氏消毒，可能会给孕妇带来风险。所以，在食用之前，请先和医生确认。

Q6 已经吃了一块蛋糕，喝醋还来得及吗？

来得及，我经常这样做。蛋糕实在是太好吃了，有时就会忘记在吃蛋糕前喝点儿醋。在吃了甜食或者淀粉类食物之后再喝醋（再次说明，要在饭后 20 分钟内喝醋）也要比不喝醋好得多。饭后喝醋同样有降低血糖的效果。

Q7 康普茶代替醋可以吗？

康普茶的醋酸含量不到 1%，并且如果不是自制的康普茶，里面通常都会加糖。尽管康普茶并不能作为葡萄糖峰值秒杀神器，但它对健康还是有些好处的，因为它是发酵食品，其中含有的有益菌能为我们肠道中的有益微生物菌群提供能量。

Q8 如果不喜欢醋的味道，有其他好的建议吗？

你可以先从小剂量开始，然后逐渐加量。用白醋来代替苹果醋（有些人不喜欢苹果醋的味道）也是一个好方法。或者，你可以考虑将水、醋和其他成分混合一下，除了不要和糖混合（糖会抵消醋的效果），其他的一般都可以。下面是来自控糖女神社区会员的一些醋类食谱：

- 1 杯热气腾腾的肉桂茶和 1 汤匙苹果醋。
- 1 杯水、1 撮盐、1 撮肉桂粉和 1 汤匙苹果醋。
- 1 杯水、1 撮盐、1 汤匙液态氨基酸和 1 汤匙苹果醋。
- 1 茶壶热水、1 块柠檬、1 块姜、1 汤匙苹果醋、少许阿洛酮糖（或罗汉果、甜叶菊提取物、赤藓糖醇，增加甜味）。
- 苏打水、冰块和 1 汤匙苹果醋。
- 放到装满苹果醋的罐子中发酵的蔬菜。

在餐食中加点儿醋，不管是通过饮料还是沙拉调料，都是使我们的血糖曲线变平稳的极好的方法。

窍门 8
饭后动起来

每隔三四秒钟，我们的眼部肌肉就会接收到来自大脑的脉冲信号。这个信号包含一个简单的指令："现在请眨眼，这样就可以给眼部补充水分，然后继续阅读这本神奇的书。"通过身体的肌肉收缩，我们能够做出行走、倾斜、抓握、抬举等动作。有些肌肉（如手指肌肉）我们能够有意识地控制，有些肌肉（如心肌）则不能。

不管是有意识的还是无意识的，肌肉收缩的次数越多、力度越大，需要的能量就越多，消耗的葡萄糖也就越多。（肌肉中的线粒体还能够使用其他物质，如脂肪，来制造能量，但是，如果葡萄糖的含量高，那么这种快速、现成的供能物质是最好的选择。）葡萄糖分解后产生的、为细胞提供的能量有一个特殊的名字：三磷酸腺苷，简称为 ATP。

身体消耗葡萄糖的速度很大程度上取决于工作强度，也就是细胞需要多少ATP。从我们休息（在沙发上坐着看电视）到剧烈运动（在公园里狂奔去追赶宠物狗），ATP 的消耗量会增加 1 000 倍。肌肉每收缩一次，就会有更多的葡萄糖分子被消耗。我们可以将这一原理转化为优势，使血糖曲线变平稳。哈立德用自己的控糖经历论证了这一点。

哈立德的控糖故事

哈立德今年 45 岁，生活在阳光明媚、气候炎热的阿拉伯联合酋长国。在那里，晒沙滩浴是人们的生活日常。但是，哈立德是没有机会被晒成古铜色了，因为他总是会穿着一件 T 恤衫，这样朋友们就看不到他的大肚腩了。

一个人要做出改变是很难的，所以最好的办法就是选择那些只需要少许的努力就能够带来很大改变的策略，比如说，本书中的这些窍门。

我们完全可以理解，哈立德像许多人一样，并不打算去改变他的饮食习惯，但是他愿意尝试其他方法。在新型冠状病毒感染疫情暴发之前，他无意中发现了控糖女神账号，看到了这些用图描绘出来的使用控糖窍门后的效果，尤其是在他的父亲和兄弟姐妹都患有糖尿病的情况下，他内心深处的某束小火苗被点燃了。在疫情封控期间，哈立德突然就有了很多时间，于是他决定尝试一些新的东西，只要不太复杂就可以。

他决定从饭后散步开始。吃的东西没有任何改变。他做的只是在吃完午餐之后站起来，然后在家附近散步 10 分钟。他一边散步，一边想象着大米中的葡萄糖到了他腿部的肌肉，而不是作为脂肪被存储起来。回到家之后，他吃惊地发现，自己没有像往常那样吃点儿甜食后睡个午觉，而是回到了办公桌前工作了一下午。他感觉很好。第二天，10 分钟的散步时间增加为 20 分钟。他打算一直保持这个习惯，直到无力执行。

> GLUCOSE REVOLUTION

饭后散步的传统历时已久，我们常说"饭后百步走"。这些传统十分有道理。一旦葡萄糖（例如从一大碗米饭中获得的）涌入我们的身体，就可能会发生两种情况。一种是如果我们在葡萄糖到达峰值时还是久坐不动，葡萄糖就会涌入细胞并淹没细胞中的线粒体。这时，自由基会产生，炎症会加剧，并且多余的葡萄糖会储存在肝脏、肌肉和脂肪之中。另一种是在葡萄糖从小肠进入血液时，如果我们收缩肌肉，那么线粒体的工作就会更高效。它们不会那么快地被葡萄糖淹没，会很兴奋地使用葡萄糖来制造 ATP，为正在工作的肌肉提供能量。通过动态血糖仪的监测图，这种差异显而易见，散步和远足后的血糖波动情况要比不运动时的平稳得多（见图 3-72 至图 3-75）。

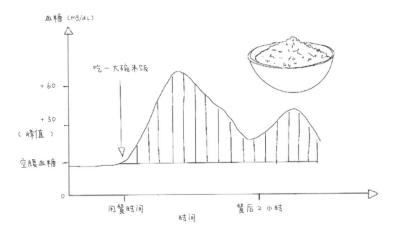

图 3-72　吃一大碗米饭后的血糖曲线

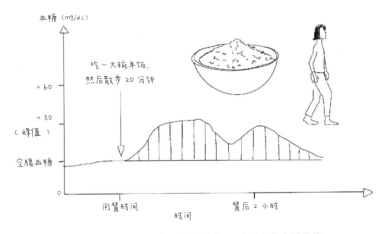

图 3-73　吃一大碗米饭，然后散步 20 分钟后的血糖曲线

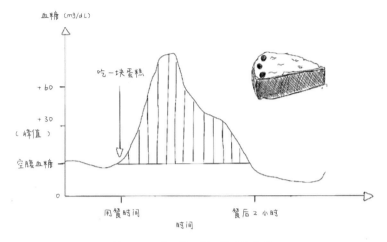

图 3-74　吃一块蛋糕后的血糖曲线

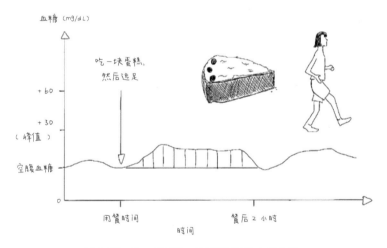

图 3-75　吃一块蛋糕，然后远足后的血糖曲线

如果我们吃完蛋糕后在椅子上坐 1 小时，葡萄糖就会在我们的体内堆积，并导致葡萄糖峰值的出现。如果我们站起来运动，葡萄糖几乎会立即被我们的肌肉消耗殆尽。

换种方式来思考：运动（哪怕只是散步 10 分钟）时，身体需要消耗更多葡萄糖。就像我的祖父铲煤的速度越快，蒸汽火车烧煤的速度就越快，更多的煤就会被消耗掉。运动使多余的葡萄糖被消耗掉，而不会堆积在体内。

当我们吃富含淀粉类或者糖类食物时，我们有两种选择：坐等葡萄糖峰值的出现，或者通过运动来抑制葡萄糖峰值的出现。所以，我们可以吃和以前完全一样的食物，然后再通过餐后运动（在进餐后 1 小时 10 分钟内进行，后文会详细说明为什么是这个时间），来使这顿饭引起的血糖曲线变平稳。

在接下来的 6 个月里，哈立德坚持在午餐后或晚餐后散步 20 分钟。同时，他开始按照正确的饮食顺序吃饭。结果，他瘦了 7.2 kg。我觉得他很了不起。他自己也很开心。他说："我感觉比以前年轻了。和同龄人相比，我能做得更多，精力也更充沛、更快乐。我的朋友们问我做了什么，我很高兴能和他们分享这些窍门。它们也帮助了我的每一位家人。"

很多人像哈立德一样，每天饭后散步 10 ～ 20 分钟，他们也都收到了很好的身体反馈。2018 年，一项大型研究对 135 位 2 型糖尿病患者进行了回访。研究发现，饭后有氧运动（散步等）能够普遍降低葡萄糖峰值，最多可以降低 27%。

饭后去健身效果会更好，尽管有些人饱腹后做高强度的运动非常困难。好消息是，在饭后 70 分钟内的任一时间进行锻炼，都能够有效抑制葡萄糖峰值的出现。葡萄糖水平到达峰值所需时间大概是 70 分钟，所以在这个时间内运动最好。你还可以通过俯卧撑、深蹲、平板支撑或者举重等运动来锻炼肌肉。实验已经证明，抗阻运动（举重等）能够使葡萄糖峰值降低 30%，并且能够使接下来 24 小时内的葡萄糖峰值下降 35%。你很难控制葡萄糖峰值的出现，但是你可以使这个峰值变得相对较小。

这里还有一个关键点：餐后运动会让血糖曲线变得平稳，但胰岛素水平却不会增高，就像喝醋一样。通常，肌肉需要胰岛素来存储葡萄糖，但在收缩状态时，它无须胰岛素就能够吸收葡萄糖。

肌肉收缩的频率越高，身体就越能在不需要胰岛素的情况下消耗更多葡萄糖，葡萄糖峰值也会越低，因此胰腺分泌的用于处理剩余葡萄糖的胰岛素就会越少。这可是个好消息。只需要 10 分钟的餐后散步，就能够避免我们刚吃过的食物可能产生的副作用。并且，锻炼的时间越长，血糖和胰岛素曲线就会越平稳。

回到家，晚餐时你吃了一份蔬菜沙拉和一碗意大利面，然后坐在沙发上，开始看最喜欢的电视节目。如果你能够一心多用，在看电视的时候尝试做几个深蹲，或者背靠墙做直角下蹲，或者双手撑在沙发边缘锻炼肱三头肌，或者做侧平板支撑，或者在毯子上做划船动作，这些运动都将使你的血糖曲线更平稳。控糖女神社区一位名为莫妮卡的会员做了一个有趣的安排：她在沙发后面放了一个壶铃，当吃完甜食之后，她会在手机上设置一个 20 分钟的计时器，当计时器响的时候，她就会拿着壶铃做 30 个深蹲。

在办公室里无法实施餐后散步计划怎么办？没关系，你可以假装要去洗手间，上下楼几次。如果在开会，你可以安静地做一些提拉小腿的动作，或者对着桌子做几组俯卧撑。这样问题就解决了。

尝试一下吧 给自己吃了甜食后坐着不动的感觉打一个分数。然后，给自己吃了甜食并散步 20 分钟后的感觉再打一个分数。看看你的精力有什么变化，在接下来的几小时，你之前频繁出现的饥饿感是否有减少的迹象？

ⓠ1 我应该在饭后多久开始运动？

莫妮卡通常在餐后 20 分钟时开始运动，你可以选择餐后 70 分钟内的任一时间段运动，来看看效果如何。就像前面讲到的那样，你应该在葡萄糖水平到达峰值之前开始做能够使肌肉收缩的运动。我喜欢在饭后 20 分钟左右，出去散散步，或者边看电视边做一些力量训练或抗阻训练。研究人员测试过许多不同的场景：餐后立刻开始散步，餐后 10 ~ 20 分钟时开始散步，餐后 45 分钟时才开始锻炼。不论何时，效果都很好。

Q2 我应该在餐前运动还是餐后运动？

餐后运动似乎是最好的选择，但是餐前运动也是非常有用的。一项针对肥胖人群的抗阻训练的研究发现，晚餐前运动（在运动结束后 30 分时吃晚餐）可以使受试者的葡萄糖峰值和胰岛素峰值分别下降 18% 和 35%，而在晚餐后 45 分钟时开始运动的话，受试者的葡萄糖峰值和胰岛素峰值会分别下降 30% 和 48%。

Q3 在三餐以外的其他时间运动怎么样？

任何时间的运动对身体都有好处。并且，运动除了能够抑制葡萄糖峰值的出现之外，还有很多其他好处。运动不仅有益于人的心理健康，有助于让人充满活力，还有益于心脏健康，减少炎症和氧化应激。不管你是否在节食，只要开启了一项新的运动，你的肌肉力量就会增加，同时整体的血糖就会开始下降。

如果你想在日常生活中多散散步，那么任何时间都可以，但是，餐后散步的效果最好。

Q4 单次运动多长时间最佳？

这取决于哪种运动对你最有效。常设的研究项目包括 10 ～ 20 分钟的散步、10 分钟的强度训练，以及 10 分钟的抗阻训练。而我做 30 个深蹲之后的血糖水平变化比较明显。

Q5 为什么空腹运动会导致葡萄糖峰值的出现？

如果在还没有吃饭的时候，即空腹的时候运动，你的肝脏会向血液中释放葡萄糖，为肌肉中的线粒体提供能量。于是血糖曲线上会出现一个峰值，因为确实会有一个峰值。这些峰值也确实会导致自由基增加而引起氧化应激，但是运动同时也提升了你清除自由基的能力。并且，重要的是，这种对自由基的清除能力要比运动生成自由基的能力更加强。

所以，运动实际上会减少氧化应激。运动被认为会对身体造成一种兴奋性压力。这是一种有益的压力，因为这种压力会使我们的身体变得更加灵活。

控糖的神奇组合方法

如果想吃一些甜食或者淀粉类食物，那么请你在餐后做一些运动。当多余的葡萄糖进入血液时，肌肉会兴奋地去吸收它们，这会降低你的葡萄糖峰值，从而降低体重增加的可能性，并避免能量骤降。

餐后运动对餐后困倦非常有效。并且，如果你能够在餐前喝一杯混合好的醋汁，效果会更好。

现在，你知道吃甜食却不会引起体内葡萄糖激增的神奇组合方法了：餐前喝醋汁，餐后多运动（见图 3-76 和图 3-77）。

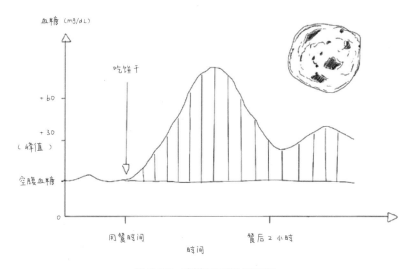

图 3-76 吃饼干后的血糖曲线

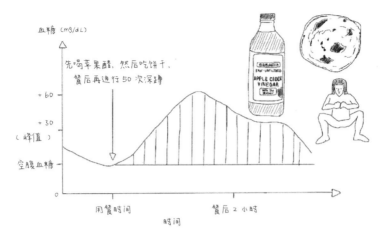

图 3-77　先喝苹果醋，然后吃饼干，餐后再进行 50 次深蹲后的血糖曲线

将窍门组合起来，有出乎意料的效果。吃甜食前喝醋汁，之后运动，能明显减轻吃甜食导致的副作用。

窍门9
如果一定要吃零食，就吃咸香美味的零食

在本书中，我已经介绍了葡萄糖是如何影响我们的身体和精神状态的。然而，在刚开始这项研究时，我总是更关注葡萄糖对身体的影响，而忽视了它对精神的影响。我知道为什么鼻子上会长粉刺，也知道我们为什么会变胖。直到有一天，我在吃了甜甜圈之后查看了自己动态血糖仪上的数据，我才注意到它对我们精神层面的影响。

自19岁遭受那次事故以来，我一直在和"分裂""感觉分裂"的心理状态做斗争，临床上称之为人格解体。当出现这种症状时，我感觉好像自己的一些部分离开了身体，照镜子时甚至认不出自己，经常觉得自己的双手是别人的。我的眼前一片迷雾，我失去了统一的自我意识。一旦思考实际问题，我的大脑就开始不受控制地烦乱。这是非常可怕的，尤其是在我一个人独处的时候。

我告诉自己：这些都会过去。我依靠这个信念度过了那些至暗时刻，并尝试了很多治疗方法，如谈话疗法、眼动脱敏疗法（EMDR，当我的治疗师交替轻敲我的膝盖时，我会想起这次事故）和颅骶疗法（CST）。幸运的是，我的表兄在他更小的时候有过同样的经历。这样，每当需要安慰的时候，我就会

给他发信息，而他也总会安慰我："我知道这很可怕。但是，相信我，都会过去的。"我也养成了写日记来安慰自己的习惯，积攒了很多日记。

手术后第一年我常常感到分裂。之后，这种感觉从每周逐渐延长到每个月经历一次，每次持续几小时。我想了很多办法，试图找出究竟为什么会有这种感觉，以及到底怎样才能好起来。但是，大多数时候都无功而返。直到在我出事的第 8 年，我才确认引起这种感觉的原因可能是——食物。

2018 年 4 月，我和我的男朋友，以及几个朋友去日本的海滨城市镰仓游玩。那时，我刚佩戴动态血糖仪一个月左右。我们早早吃了早餐，不到 5 个小时我就又饿了，用咖啡和甜甜圈补充完能量后，我们去海边散步。

在讨论我们下一站去哪儿冒险时，我意识到那种"分裂"的感觉又来了，然后脑雾也出现了。我看着我的手，觉得这不是自己的手。我知道我在说话，但是我真的不知道自己说了什么，也不知道自己为什么这么说。和原来一样，我没有向朋友倾诉，因为害怕自己会成为他们的负担。依靠最后的意识，我查看了自己的动态血糖仪。30 分钟前吃的甜甜圈引发了截至当时最大的葡萄糖峰值：180 mg/dL（见图 3-78）。

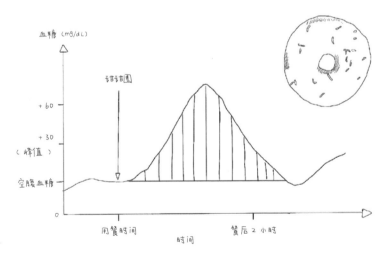

图 3-78 我吃完甜甜圈后的血糖曲线

我意识到自己可能已经找到引起分裂的原因了：一个激增的葡萄糖峰值。在接下来的几个月和几年里，我反复证明了这一点。当感到分裂的时候，我会回想那天吃了什么。如果晚餐吃的是巧克力蛋糕而不是平常的饭菜，或者早餐吃了饼干，就会发生这样的情况。

然而，这并不是说血糖曲线变平稳就能够治愈我的人格解体。当我休息不充足、压力过大或者出现其他一些我还没有弄清楚的原因时，我仍然会感到分裂。更有甚者，偶尔还会出现葡萄糖峰值很高，而我却一点儿也不觉得分裂的情况。但是，意识到这一点对我绝对是有帮助的。

我做了一些调研，发现没有任何研究表明食物会引发人格解体。但是，患有这种心理疾病的人的大脑的某些区域的代谢确实比其他区域的代谢更加活跃，也就是说，这一区域的葡萄糖含量更高。体内的葡萄糖越多，大脑中的葡萄糖也就越多，所以那些极度活跃的区域中有更多的葡萄糖。也许，这就是问题出现的原因。

食物会影响我们的感觉，这已经是个公认的事实。科学告诉我们，当食用热量相当的食物时，和食用能维持血糖曲线平稳的食物的人比起来，那些食用了会导致很高的葡萄糖峰值的人的情绪会随着时间的推移变得更差，他们也会出现更多的抑郁症状。

许多社区会员也分享过，含糖食物会增加他们的焦虑情绪。

每个人都有过想吃甜食的冲动，尤其是在感到困倦的时候。然而，吃甜食能让我们精力充沛的想法是错误的。相比于一份咸香美味的零食，一份甜甜的零食并没有为我们提供更多能量。实际上，吃甜食会让我们过不了多久就感到更累。如果你像古斯塔沃一样，每天需要开 12 小时的车，吃过多甜食就更危险了。

古斯塔沃的控糖故事

古斯塔沃和我们分享了他吃牛排大餐前先吃西蓝花的秘诀，这种做法既能让他享受和朋友们的晚餐，又可以使他的血糖曲线更平稳。对，就是他，在墨西哥给我们带来了另外一条信息。

古斯塔沃从事销售工作，这个工作让他需要往返于不同的州。因此，他经常单次开车时间在 6 小时、8 小时甚至 12 小时。之前，每次在加油站停靠，感觉筋疲力尽的时候，他就会吃块糖或者格兰诺拉能量棒来"补充能量"。刚回到驾驶室的时候，他觉得很有精神，这种情况大约能保持 45 分钟，然后他就会再次感觉精疲力竭。古斯塔沃出现这种情况的原因可能是缺乏新陈代谢灵活性：他的身体不能将自己的脂肪储备转化为能量，需要通过吃淀粉类食物或者糖类食物补充。正如我们在窍门 4 "平稳早餐后的血糖曲线"中讲到的那样，依据胰岛素的工作原理，糖果或者能量棒中的葡萄糖会更容易被储存起来，而不是被用作能量。所以，比起一些咸味的东西，甜的东西被消化后，我们体内用于循环的能量实际上会更少。古斯塔沃在吃了点心后会觉得很有精神。但是，这种情况不会持续很久，大概 1 小时后，他就会再次感觉很累，然后不得不再吃一根能量棒。

正如我在窍门 2 "在每餐前增加一道绿色开胃菜"中讲到的那样，在身边的两位亲人因为 2 型糖尿病的并发症去世后，古斯塔沃第一次决定改变自己的生活方式。古斯塔沃不再吃麦片早餐，改换用亚麻籽、胭脂仙人掌和马卡根做成的能使血糖水平稳定的奶昔。饭后他不再坐着，而是选择散步。现在，是时候优化一下他的零食袋了：抛弃糖果或者能量棒，改吃胡萝卜、黄瓜和花生酱。

古斯塔沃听取了我们的建议。随着血糖曲线越来越平稳，他逐渐不会在高速公路上打盹了，开车的时候精力稳定且充沛。同时，他还减掉了近 40 kg，减少了服用的抗抑郁症的药物，并清除了他的脑雾（见图 3-79 和图 3-80）。

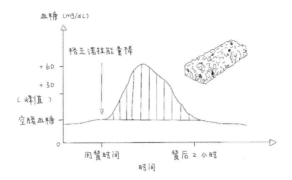

图 3-79　吃格兰诺拉能量棒后的血糖曲线

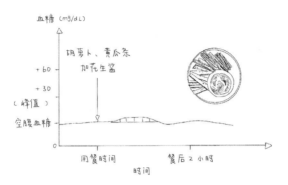

图 3-80　吃胡萝卜、黄瓜条加花生酱后的血糖曲线

想要获得稳定的血糖水平，要选择那些不会让葡萄糖水平飙升的零食。

尽管这违背以往认知，但我还是要强调，如果你想补充能量，那么请跳过甜食，不要选择糖果或者能量棒，而要选择一些咸香美味的小吃。并且，也不要选择淀粉类的食物，因为淀粉也会转化为葡萄糖。

下面是我最喜欢的一些咸香美味的小吃。

30 秒速成咸香美味小吃

抹了坚果酱的苹果片;

苹果片加一大块奶酪;

甜椒片蘸牛油果酱;

抹了坚果酱的芹菜;

一杯脂肪含量为 5% 的希腊酸奶,上面撒一把山核桃;

一杯脂肪含量为 5% 的希腊酸奶,加一勺坚果酱;

一把小胡萝卜加一勺鹰嘴豆泥;

一把夏威夷果,加一块黑巧克力;

一片脆猪皮;

一个煮鸡蛋,加少许辣酱;

一块奶酪;

一撮淡盐椰丝;

果仁饼干,加一片奶酪;

一片火腿;

一个加了少许盐和胡椒的半熟煮鸡蛋;

一勺坚果酱。

窍门10
为你摄入的碳水化合物 "穿上外衣"

我不知道你的情况如何，但我总是没有时间坐下来吃饭。而且饿的时候，我周围往往没有健康的食物。可选的要么是下次会议地点附近的街角商店，要么是赶飞机途中的机场咖啡店。

当我们在赶公交、参加聚会、吃商务早餐或步履匆匆地下班回家时，又或者在路上临时驻足时，我们就要用到这个窍门。

我在前文已经讲过，将淀粉和糖类与脂肪、蛋白质或者纤维结合起来。所以，为了不让碳水化合物 "裸奔"（只吃碳水化合物），给它们 "穿上外衣"。"穿在碳水化合物身上的外衣" 会降低葡萄糖在体内的吸收量和吸收速度。

在朋友家享用布朗尼蛋糕时，不要忘记配一杯希腊酸奶；在商务会议休息间隙吃贝果时，记得搭配一些熏鲑鱼；在咖啡店买外带午餐时，记得同时在街角沙拉店买一份配料——圣女果和一些坚果；如果你准备做饼干，请在面糊里添加一些坚果；如果你正在享用一份苹果奶酥，请在上面加一点奶油。

当你享用碳水化合物的时候，切记加点儿纤维、蛋白质或者脂肪，并将这种做法变成习惯。如果你做得到，先吃纤维、蛋白质或脂肪。即使是那些咸香零食，虽然它们已经对你的血糖曲线很友好了，但其中仍然可能含有碳水化合物，那么这些零食也应该"穿上外衣"：在吐司上加牛油果和奶酪，在年糕上抹坚果酱，在吃羊角包之前先吃点儿杏仁。

吃了加无糖花生酱的全麦吐司后的血糖曲线，要比只吃全麦吐司后的更平稳（见图 3-81 和 3-82）。

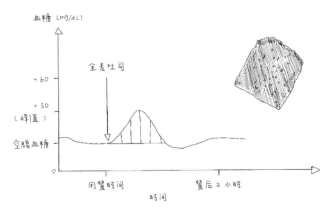

图 3-81　吃全麦吐司后的血糖曲线

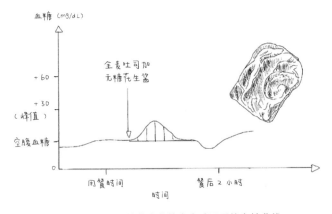

图 3-82　吃加无糖花生酱的全麦吐司后的血糖曲线

在主食中加入脂肪会使胰岛素峰值升高——这个观点是由法国的米歇尔·蒙蒂尼亚克在 20 世纪 80 年代提出并被推广开来的。但最新的科学证明事实并非如此。在膳食中添加脂肪并不会导致更高的胰岛素峰值的出现。事实上，在吃富含碳水化合物的食物前先吃点儿脂肪类食物，还会减少胰岛素的分泌量，对我们的血糖水平也更友好。吃 1 碗米饭加半个牛油果后的血糖曲线比只吃 1 碗米饭后的血糖曲线更平稳（见图 3-83 和图 3-84）。

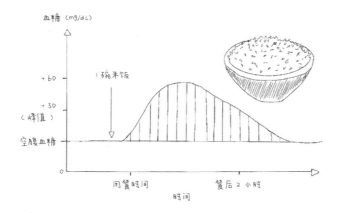

图 3-83　吃 1 碗米饭后的血糖曲线

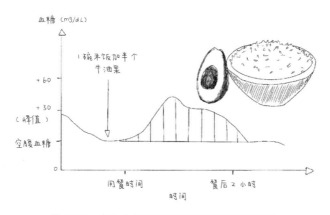

图 3-84　吃 1 碗米饭加半个牛油果后的血糖曲线

只吃碳水化合物不仅不利于稳定我们的血糖水平，还会对我们的胃促生长素造成严重冲击。所以，饱腹感很快就会变成饥饿感（见图 3-85）。

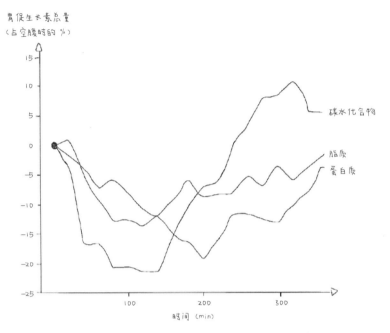

图 3-85　吃碳水化合物、脂肪和蛋白质后分别出现的胃促生长素分泌曲线

只吃碳水化合物后胃促生长素会迅速波动，我们会感到比吃之前更饿。吃碳水化合物会让我们的饥饿感像过山车一样忽上忽下，吃脂肪和蛋白质则不会。露西的控糖故事很好地论证了这一点。

露西的控糖故事

　　"我担心我会一段接一段地毁掉自己所有的关系。"这是住在英国的 24 岁的 7 项全能运动员露西亲口说的。露西会对她的父母大发雷霆，会对朋友口出恶言，没有人愿意和她待在一起。直到有一天，她发现自己不应该受到责备，因为罪魁祸首是碳水化合物。
　　数以千计的科学研究已经详细论证了葡萄糖峰值是如何伤害我们的身体的。但是，就像我在前面提到的那样，葡萄糖和大脑之间的奇妙联系仍然在不断出现。我前面已经讲过，饮食导致的葡萄糖峰值出现的次数越多，我们就越容易出现抑郁和焦虑的症状。多亏了最近一项有趣的实验，我们才知道，如果吃了能够导致葡萄糖峰值出现的早餐，我们就会更想责难周围的人，会变得报复心重并且更难以与他人相处。

露西的自白也许看起来很极端，但是她的葡萄糖峰值看起来也很极端——露西患有 1 型糖尿病。1 型糖尿病患者分泌胰岛素的能力受损。没有胰岛素，出现葡萄糖峰值时，葡萄糖就不能正常地进入细胞。所以，当细胞需要能量的时候，血糖便会长时间维持在高位。这导致露西在被确诊出患有 1 型糖尿病之前，甚至没有足够的力气拿起一把叉子。

15 岁那年，在她作为 1 型糖尿病患者生活的第一天，医院的护士给露西准备了一盘意大利面（只有意大利面）作为餐食后，又指导她如何用注射器将胰岛素注入她的腹部。注入的胰岛素帮助她将意大利面中的葡萄糖转入细胞之中，从而降低由意大利面引起的葡萄糖峰值。

护士解释说："每餐都要吃碳水化合物，并且每餐都要注射胰岛素。你刚吃的食物引起的葡萄糖峰值越高，你需要注射的胰岛素就越多。"对于非糖尿病患者来说，这听起来很简单，但是使用正确的剂量是一门科学。你必须不断地计算接下来一小时左右你的血糖水平，并且要提前计划好，避免出现可怕的峰值和谷值。吃饭、午睡、运动，所有这些都变成了数学问题。极高的峰值和极低的谷值对于大多数 1 型糖尿病患者来说都是值得重视的情况。举例来说，被确诊出患有 1 型糖尿病并使用胰岛素后，每天露西的血糖水平都会上升到 300 mg/dL，然后下降到 70 mg/dL，接着会上升到 250 mg/dL，再次下降到 70 mg/dL。请注意，作为一个非糖尿病患者，我最高的葡萄糖峰值在 100 ～ 180 mg/dL（空腹吃了一个甜甜圈之后）。即便如此，我已经感到了难受。

露西的感受比我的更糟。她每天早晨醒来都感觉像宿醉未醒。每当她血糖水平很高的时候，她就会冲她的妈妈大发雷霆。

她根本忍不住，只能事后后悔痛哭。后来，她在学校的队友也开始躲着她了。

对我来说，一个较低的葡萄糖峰值（与糖尿病患者的相比）就会引发脑雾和人格解体症状。对露西来说，葡萄糖峰值更是导致了无法控制的愤怒情绪。她觉得自己陷入了困境，一生也无法摆脱。

露西开始仔细阅读 1 型糖尿病患者论坛上的建议，学习如何应对她的症状。一些 1 型糖尿病患者在讨论怎样让他们的血糖曲线变平稳时，经常会提到控糖女神账号。露西发现非糖尿病患者的葡萄糖峰值也会高达 180 mg/dL，比如我。这让她感到震惊。她原本以为非糖尿病患者的血糖水平应该稳定在 80 ~ 100 mg/dL。这个发现让她感觉自己没有那么孤独了，因为我们每个人都很难让自己的血糖曲线变平稳。她发现我也戴着动态血糖仪。她说："即使你不需要佩戴动态血糖仪，但你还是骄傲地戴着它，你给了我佩戴它的勇气，让我不再感到尴尬。"她还发现，改变饮食真的能够使血糖曲线变平稳。露西知道了，她终于可以为自己糟糕的感觉、身体和大脑做些什么了。

内分泌医生给露西制订了一个专属她的控糖计划。当你注射胰岛素或者服用其他任何类型的药物时，在改变饮食方式之前与你的医生沟通是非常重要的，这能确保你不会出现危险的情况。

原来，露西一直被告知每顿饭都要吃碳水化合物，尤其是早餐。在医生的监督下，她做的第一件事就是让自己吃早餐后的血糖曲线变平稳：她将早餐从橙汁和羊角包（她甚至都不喜欢吃）换成三文鱼、牛油果和杏仁奶。过去，早餐后她的葡萄糖峰值常常是 300 mg/dL。而现在，她的血糖曲线基本能保持平稳。

早餐很容易改变，午餐和晚餐也很容易改变，但是零食就不那么容易了。因为露西的训练强度很大，所以到中午她就非常饿了，而且她最爱吃的是香蕉和糖果棒。

露西学会了什么？她为自己吃的碳水化合物"穿上外衣"：吃香蕉时加点儿坚果酱，吃糖果棒之前先吃一个煮鸡蛋。先吃鸡蛋再吃巧克力棒，会让血糖曲线更平稳（见图3-86和图3-87）。

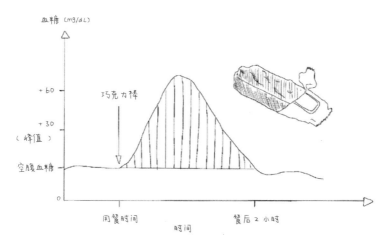

图3-86　吃巧克力棒后的血糖曲线

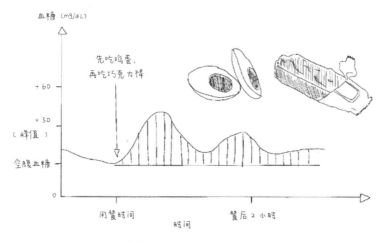

图3-87　先吃鸡蛋，再吃巧克力棒后的血糖曲线

如果你正在吃甜食，请先给你的甜食"穿上外衣"：纤维、脂肪或者蛋白质都可以。

通过这些窍门，露西的糖化血红蛋白（HbA1c）水平（葡萄糖变异性的衡量标准）在 3 个月内从 7.4% 下降到 5.1%, 要知道 5.1% 是许多非糖尿病患者的常见水平。她现在注射的胰岛素剂量只有原来的 1/10。并且，她现在比原来开心 10 倍。

当我们给碳水化合物"穿上外衣"后，我们的身体与葡萄糖玩的俄罗斯方块的难度等级就由 10 级降到了 1 级，我们体内的氧化应激、自由基都会减少，炎症也会减少。同时，体内胰岛素的分泌量也会减少。随着血糖曲线越来越平稳，我们的感觉会越来越好，情绪也会越来越稳定。

现在，露西早晨醒来后容光焕发，再也没有宿醉的感觉。这看起来很简单，但往往最小的事情才最有意义：她现在可以面带微笑地走进厨房，问妈妈能不能给她煮一杯咖啡。她不再像原来那么容易生气了，也不会因为对父母或者队友大发脾气而痛哭了。她已经很久没怎么发脾气了。

露西的人际关系回到了她想要的状态。稳定的血糖水平让她可以做到"成为自己想成为的人，成为一个温和友善的人，这才是最重要的"。

我听说过很多类似的故事。平稳的血糖曲线能够让我们对孩子更有耐心，对爱人更有爱心，对同事也更加关心。

尝试一下吧 你有没有出现过"饿怒症"？你是否后悔对爱你的人恶言相向？想一想，在发生这些场景前，你吃了什么？也许你只是吃了"裸奔"的碳水化合物。

正如我在第一部分中解释的那样，比起以前的水果，现在的水果含有更多的葡萄糖和果糖以及更少的纤维。所以，尽管吃完整的水果仍然是吃糖的最健康方式，但是我们可以做得更好。将水果与能使血糖曲线平稳的朋友——脂肪、蛋白质和纤维混在一起吃，我们可以更多地帮到自己。

将水果与一些其他食物一起吃,可以使血糖曲线更平稳。在控糖女神社区中最受欢迎的搭配水果的食物是:坚果酱、坚果、全脂酸奶、鸡蛋和切达奶酪。将梨和坚果酱放在一起吃后的血糖曲线,比只吃梨后的血糖曲线更平稳(见图 3-88 和图 3-89)。

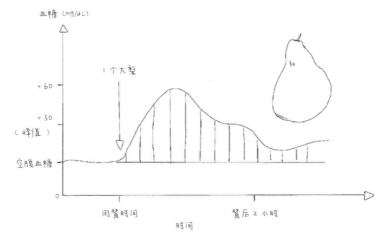

图 3-88 吃 1 个大梨后的血糖曲线

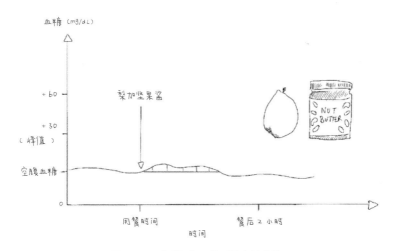

图 3-89 吃梨加坚果酱后的血糖曲线

不过，即使吃甜枣时搭配芝麻酱和核桃仁，血糖波动情况依然很明显（见图 3-90 和图 3-91）。

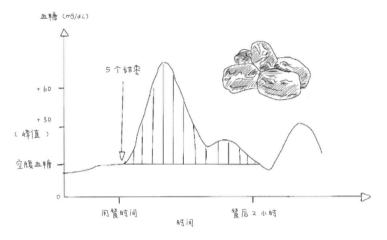

图 3-90　吃 5 个甜枣后的血糖曲线

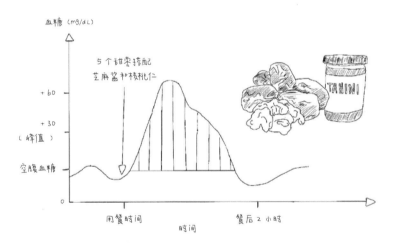

图 3-91　吃 5 个甜枣搭配芝麻酱和核桃仁后的血糖曲线

　　甜枣是水果王国中最大的葡萄糖炸弹，即使给它"穿上外衣"，它也能够使我们的血糖飙升。可悲的是，竟然还有甜枣有助于控制糖尿病的传闻。你自己想想看吧。真的，我建议最好不要吃甜枣，或者尽量少吃几个。

当你有很多种水果可以选择时，最好选择浆果类水果。热带水果和葡萄都已经被培育成含糖量很高的水果，所以请把这些水果当作餐后甜点来吃，或者为它们"穿上外衣"。吃 15 个草莓后的血糖曲线，比吃 4 颗绿葡萄后的更平稳（见图 3-92 和图 3-93 ）。

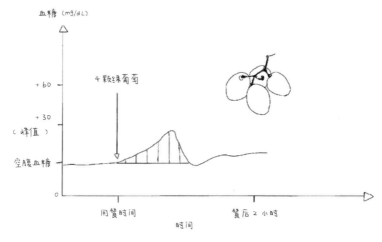

图 3-92　吃 4 颗绿葡萄后的血糖曲线

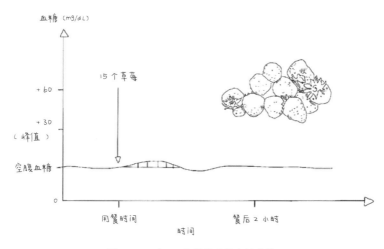

图 3-93　吃 15 个草莓后的血糖曲线

Q1 需要给全麦食物"穿上外衣"吗?

我们错误地认为,如果谷物是完整的(如糙米、褐色的意大利面等),那么这些食物对我们的身体就有益。事实是,它们的好处仅仅那么一点点,因为这些食物所含的主要成分是淀粉。意大利面或者面包包装上号称的"全谷物"仍然是被碾碎过的,也就是说其中有一部分纤维已经消失了。如果你想要富含有益纤维的面包,那么就要选择一种非常黑的面包,如种子面包或者裸麦粗面包(这在窍门 2 中讲过)。

最后要提醒的是,在吃大米时,不管是糙米还是野生稻米,我们最好加一些切碎的蔬菜,如薄荷、欧芹、茴香,还可以加一些烤坚果,如杏仁或开心果,并与烤鲑鱼或者烤鸡一起享用。好了,你吃的碳水化合物已经变得更健康了,并且,在我看来,它也更加美味了。

不过,扁豆和其他豆类是不同的。它们比大米要更好一些,因为大米(或者意大利面和面包)的主要成分是淀粉,但是扁豆和其他豆类中则含有很多纤维及蛋白质。

请记住:不管我们是不是糖尿病患者,当身体中的葡萄糖与其他的分子能够以一种更加自然、可控的速度相结合时,我们就可以抑制葡萄糖的激增。

如果你正在吃淀粉类或糖类食物,如面包、玉米、蒸粗麦粉、意大利面、玉米粥、大米、墨西哥玉米粉圆饼、蛋糕、糖果棒、麦片、曲奇饼干、脆饼干、格兰诺拉麦片、冰激凌或者其他任何甜食,请将它们与纤维、脂肪和(或)蛋白质搭配食用,如蔬菜、牛油果、豆类、黄油、奶酪、奶油、鸡蛋、鱼类、希腊酸奶、肉、坚果等。

相对于大米,糙米引起的血糖曲线波动会更小,但是,因为糙米的主要成分是淀粉,还是会导致较高的葡萄糖峰值的出现(见图 3-94 和图 3-95)。所以,吃米饭的时候,最好搭配着纤维、脂肪、蛋白质一起吃。

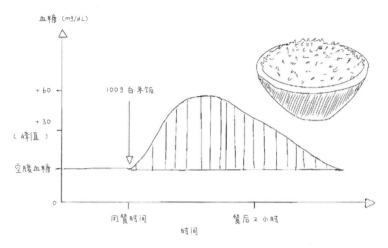

图 3-94　吃 100 g 白米饭后的血糖曲线

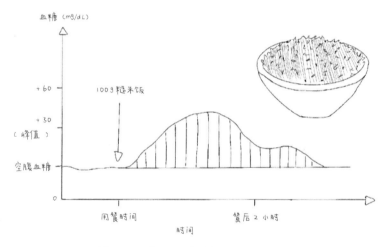

图 3-95　吃 100 g 糙米饭后的血糖曲线

Q2 我应该添加哪种脂肪？

脂肪与糖（糖没有好坏之分，不管它来自哪种植物）不同，有一些脂肪确实要比另一些脂肪对身体更好。

好的脂肪以饱和脂肪酸（来自动物、黄油、酥油和椰子油）或单不饱和脂肪酸（来自水果和坚果，如牛油果、夏威夷果和橄榄果）为主要成分。做饭时，最好使用饱和脂肪酸含量高的油，因为它们不容易被高温氧化。单不饱和脂肪酸含量高的油，如橄榄油和牛油果油，不能进行高温加热。区分两者有一个很好的办法：饱和脂肪酸含量高的脂肪在常温下通常呈固态的油脂。

不好的脂肪会给我们造成刺激，危害心脏健康，使我们的内脏脂肪增加，并使胰岛素抵抗综合征的病情恶化。它们以多不饱和脂肪酸或反式脂肪酸为主要成分，存在于如大豆油、玉米油、菜籽油、米糠油、油炸食品和快餐中。有一种稍微好点儿的种子油是亚麻籽油。

当饮食中含有脂肪时，我们会更容易产生饱腹感，但是，如果在饮食中添加过量脂肪，葡萄糖峰值的出现确实会极大地被抑制，我们的体重却也会增加得更快。你可以在一顿饭中加一汤匙或两汤匙橄榄油，但是不要把整瓶橄榄油都倒在你的意大利面上。

最后，买任何东西时都不要误以为"低脂"对你更好：含脂肪 5% 的希腊酸奶要比低脂的酸奶更有助于维持血糖曲线的平稳。（更多内容见"怎样发现包装上的葡萄糖峰值"。）

Q3 如何在饮食中添加纤维？

所有植物都含纤维，包括坚果等。它们是搭配淀粉类食物最好的选择。你甚至可以尝试纤维药片，如用车前子壳制成的药片。

Q4 如何补充蛋白质？

蛋白质主要存在于源自动物的食品之中，如蛋、肉、鱼、奶制品和奶酪。当然，很多植物性食物也含有蛋白质，如坚果和豆类。你也可以使用蛋白粉，但是要买成分表中标明来源的蛋白粉。我一般会选择乳清或豌豆蛋白粉。你一定要确保里面没有添加甜味剂。

Q5 若患有 1 型糖尿病，应该怎么做？

如果你想通过改变饮食的方法来使你的血糖曲线变平稳，那么请先和你的医生沟通。如果你只调整饮食而不调整用药量，可能会导致意想不到的葡萄糖峰值和谷值，让情况变得更糟糕。

Q6 若患有 2 型糖尿病，应该怎么做？

如果你目前有胰岛素依赖型糖尿病或者正在服用药物，那么在改变饮食之前，请先和你的医生沟通。如果方法得当，很多人能够逆转他们的 2 型糖尿病。许多控糖女神社区的成员都和我分享过他们的故事。例如，57 岁的劳拉，在体重为 136 kg 时开始控制血糖曲线。她服用二甲双胍和格列苯脲这两种治疗 2 型糖尿病的药物。多亏了在我的账号上学到的内容，以及与自己的医生密切合作，在改变了饮食方式之后，劳拉减掉了 23 kg（而且这一数字还在增加）体重。同时，她的 HbA1c 水平从 9% 降到了 5.5%，并且还减少了用药量。

我在巴黎住过一段时间，那时经常会在早上散步。每天早晨路过面包店时，我都想来一根法式面包。当我们饿了的时候，纯碳水食物会看起来极具诱惑力。但是，请牢牢记住：越饿的时候，你的胃就越空，纯碳水食物就越容易造成更大的葡萄糖峰值（这就是为什么让早餐后的血糖曲线平稳是十分必要的）。于是，我养成了为法棍"穿上外衣"的习惯：吃第一口法棍前，先在街角商店买点儿杏仁，回家后在面包上抹咸味黄油，再吃掉它。

本书中的窍门彻底改变了控糖女神社区很多人的生活，期待你开始使用它们。当你计划使用这些窍门的时候，请记住：即使不能一直坚持下去也没有关系，在自己方便的时候使用其中的窍门，都将有助于你的健康。

如何做一个控糖女神

当食欲旺盛时，在酒吧时，又或者在杂货店购物时，我们应该怎么做呢？针对这些具体情况，大家问了不少问题，以下是我的建议。

当食欲旺盛时

有时候，即使已经使用了我在本书中说的所有窍门，你可能还是想吃糖。下面是战胜这类冲动的方法。

（1）给食欲一个 20 分钟的冷静期。在远古狩猎时代，血糖水平的下降意味着人们已经很久没有进食了。作为回应，大脑会告诉他们要选择高热量的食物。而在今天，血糖水平下降，往往是因为我们刚刚吃的食物引起了葡萄糖峰值的出现。所以，尽管有能量储备，也不是很饿，大脑还是会提醒我们去做同样的事情，即选择高热量的食物。血糖水平下降后，肝脏会在 20 分钟内迅速介入，将储存的葡萄糖释放到血液中，使我们的血糖恢复至正常水平。到那时，食欲通常会消失。所以，当你下次想吃曲奇饼干的时候，设置一个 20 分钟的计时器。如果你的食欲是由血糖水平下降造成的，那么当计时器响起的时候，这种感觉会消失（见图 A-1）。

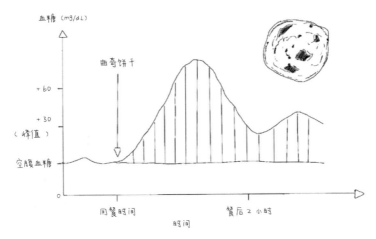

图 A-1　吃曲奇饼干后的血糖曲线

（2）如果 20 分钟到了，但你还在惦记那块饼干，那么就把它留着作为你下一餐的餐后甜点吧。同时，你要有意识地告诉自己，这只不过是食欲在作祟而已，这种感觉之前就经历过，而且很快就会过去。然后试试抑制食欲的撒手锏：喝拌入甘草根茶或者一勺椰子油的咖啡。还可以试试其他办法，如喝薄荷茶、泡菜汁或者一大杯加了一大撮盐的水，又或是嚼口香糖、刷牙，以及出去散步。

（3）如果你实在等不及将它留作下一餐的甜点，决定现在就要吃掉它，那么请先喝一大杯拌了 1 汤匙（或者差不多 1 汤匙，按自己的喜好来）苹果醋的醋汁。

（4）吃之前先吃一个鸡蛋、一把坚果、几勺脂肪含量为 5% 的希腊酸奶或者一些烤西蓝花。

（5）吃掉它。享受它！

（6）锻炼你的肌肉，在进食后的 1 小时内动起来，你可以出去散步或者做一些深蹲。只要是适合自己的运动就可以。先喝苹果醋汁，然后吃鸡蛋、坚果和曲奇饼干，再做 50 个深蹲后的血糖曲线，比只吃曲奇饼干后的血糖曲线更平稳（见图 A-2）。

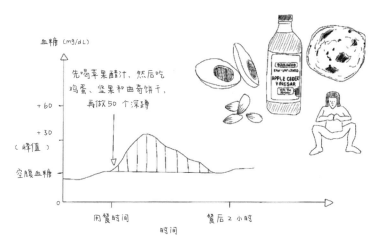

图 A-2　先喝苹果醋汁，然后吃鸡蛋、坚果和曲奇饼干，再做 50 个深蹲后的血糖曲线
这是对抗食欲的终极窍门组合。

在酒吧时

当你在酒吧喝酒时，就没有必要再点一些葡萄糖和果糖含量很高的食物了，这会给肝脏带来很大的负担。

能够使我们的血糖曲线保持平稳的酒精有葡萄酒（红葡萄酒、白葡萄酒、玫瑰红葡萄酒和起泡酒）和烈性酒（杜松子酒、伏特加酒、龙舌兰酒、威士忌）。即使空腹喝这些酒，也不会造成高的葡萄糖峰值。你要注意混合酒：添加了果汁、甜味剂或者汤力水的酒会造成高的葡萄糖峰值。

喝酒时可以加冰块、苏打水，或者加一些酸橙或柠檬汁。啤酒含有很多碳水化合物，所以会造成高的葡萄糖峰值。麦芽啤酒和拉格啤酒要比黑啤（如吉尼斯黑啤酒和波特黑啤）对身体更好，最好选择碳水化合物含量低的啤酒（见图 A-3 和图 A-4）。

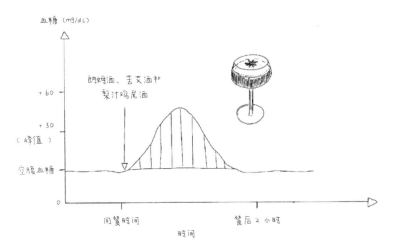

图 A-3　喝朗姆酒、苦艾酒和梨汁鸡尾酒后的血糖曲线

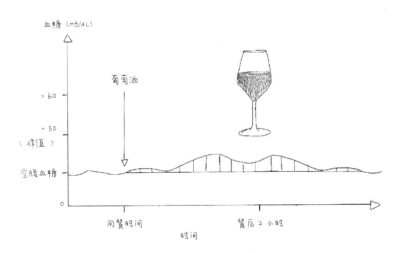

图 A-4　喝任何一种葡萄酒后的血糖曲线

如果想喝酒，葡萄酒是比鸡尾酒更好的选择。

如果你正在吃开胃菜，那么可以加一些坚果和橄榄油，因为这两者有助于你平稳血糖曲线。如果可以的话，尽量不吃薯片，因为薯片会导致高的葡萄糖峰值。

在杂货店购物时

如果你不喜欢吃加工类食品，那么你的血糖曲线会自然而然地变平稳，但在你确实需要购买加工类食品的时候，请记住以下内容。

超市货架上的商品不会因为诚实而获得奖励。绝对不会。如果一种加工类食品会导致高的葡萄糖峰值，那么它绝对不会大大方方地在包装上标识出来。它会把这个秘密隐藏起来，并用"脱脂"或"0 添加糖"这样的标签来分散你的注意力，但这些并不能说明这种食物是健康的。了解一种加工食物是否会引起高的葡萄糖峰值，不要看前面的标签，要去看后面的配料表。

怎样发现包装上的葡萄糖峰值？ 第一个要看的地方就是配料表。配料会按照含量降序排列。如果糖排在前 5 位，那就说明这种产品中有很大一部分都是糖，如柔软的白面包或是番茄酱，这些都会导致高的葡萄糖峰值。如果糖在配料表中排在前 5 位，这种产品就会很甜，而你也知道这意味着什么——这会导致高的果糖峰值悄然出现。

制造商非常擅长使用许多种名字来称呼糖，这样，消费者就很难弄清楚它到底是什么了。我知道这些很没意思，但我还是建议你看看下面的内容，这样，你就会知道那些能够导致高的葡萄糖峰值的成分了。

配料表中有许多不同名字的糖。 龙舌兰花蜜、龙舌兰糖浆、大麦麦芽、甜菜糖、糙米糖浆、红糖、甘蔗汁结晶、蔗糖、焦糖、椰子糖、精制细砂糖、玉米糖浆、玉米糖浆结晶、枣糖、粗碎果浆、糊精、右旋葡萄糖、浓缩甘蔗汁、果糖、果汁、浓缩果汁、浓缩果泥、半乳糖、葡萄糖、葡萄糖糖浆结晶、黄糖、黄糖糖浆、高果糖玉米糖浆（HFCS）、蜂蜜、糖霜、麦芽糖浆、麦芽糖糊精、麦芽糖、枫糖浆、黑砂糖、红砂糖、鲜榨果汁、粗糖、大米糖浆、黑糖、糖和分离砂糖。

特别需要说明的是"果汁""浓缩果汁""浓缩果泥"和"鲜榨果汁",这些物质越来越多地出现在麦片盒、酸奶杯和格兰诺拉麦片盒的包装上。就像你现在了解的那样,只要水果被改变了形态或者被加工,其中的纤维就会被破坏,水果就变成了和其他糖类一样的糖。当你拿起一杯果汁或者奶昔时,要像对待其他加工类产品一样来看:如果它的主要成分是糖,它就是上面列出的那些"水果"的副产品之一,那你就不要买了。吃个苹果或者桃子来代替一下吧(见图 A-5 至图 A-7)。

有时候,我们会感觉好像包装上每一个部分都在试图迷惑我们。但是,我很负责地告诉大家,其实包装上有一个客观信息:营养成分表。

图 A-5　一份天真奶昔①的配料表

糖分隐藏在 5 个不同的名称之下。我知道它们看起来很不错,但是请记住,果汁就是糖。

图 A-6　含 25% 果汁的德国糖果

---

① 天真奶昔(innocent smoothie, innocent):一家英国企业的产品,该企业致力于开发健康饮品。——译者注

配料表：小麦粉、糖、植物甘油、果糖、葡萄糖、麦芽糊精、植物和改性棕榈起酥油、棕榈油、改性玉米淀粉、苹果粉、棕榈油、改性牛奶成分、浓缩草莓酱、玉米淀粉、烘焙粉、大豆卵磷脂、盐、乙酰化酒石酸单双甘油酯、色素（浓缩胡萝卜汁）、柠檬酸钠、天然香料、纤维素凝胶、柠檬酸、苹果酸、单甘油酯和双甘油酯、纤维素胶、海藻酸钠。
含有小麦、牛奶和大豆成分。

图 A-7　家乐氏水果脆脆棒的配料表

你能找到这里列出的 6 种不同糖类的名称吗？

在开始之前，有一件事你一定要牢牢记住：近年来，制造商一直在减少包装上的推荐食用量，这样看上去含糖量会更少。因为一份更小的产品意味着每份的含糖量也更少。但是谁会只吃两块奥利奥呢？所以，要知道，你在包装上看到的数字绝对不是最重要的。相反，营养占比才是最关键的。让我来解释一下这个强大的解码方法。

先说重要的，你可以直接跳过热量相关文字，这部分文字比较显眼，因为这才是制造商希望你关注的。但是，制造商不会告诉你这种食品会不会导致高的葡萄糖峰值（见图 A-8）。但是，就像我解释的那样，食物中的分子类型要比热量更重要。所以，在营养成分表中，食物中有的分子类型都已经给大家列出来了，但前提是你要知道去哪里看。

当对干性食物，如曲奇饼干、意大利面、面包、麦片、谷物棒、饼干和薯条进行评估时，直接看标注总碳水化合物的部分。总碳水化合物和总糖的质量代表着能够引起葡萄糖峰值的分子的量：淀粉和糖类。这部分的含量越高，这种食物就越容易导致你的葡萄糖、果糖和胰岛素水平上升，并引发连锁反应，让你更想吃甜食。

营 养 成 分 表

分量	
每份含量	
热量	**0**
	每日营养占比（%）
总脂肪 0 g	0%
饱和脂肪酸 0 g	0%
反式脂肪酸 0 g	0%
钠含量 0 mg	0%
总碳水化合物 0 g	0%
膳食纤维 0 g	0%
总含糖量 0 g	
包括 0 g 添加糖	0%
蛋白质 0 g	0%

不能作为胆固醇、维生素 D、钙、铁和钾的重要来源

每日营养占比（%）指每份食物中的营养素占一天饮食中的营养含量的百分比。一般建议为每天 2 000 kcal 的热量。

图 A-8　食品包装上的营养成分表

在成分表中，热量可能是用最大的字体写的，但是，它不会告诉你这种食品是否会导致葡萄糖峰值。

总碳水化合物部分还包括膳食纤维信息，就像我在本书中所说的，纤维是唯一一种不能被我们的身体消化、吸收的碳水化合物——食物中的纤维越多，在食用之后血糖曲线也就越平稳。所以，这有一个小窍门：对于干性食物，要看总碳水化合物和膳食纤维的比率。

选择那些成分占比最接近 1 g 膳食纤维对应 5 g 总碳水化合物的产品。下面讲如何做到这一点：首先找到总碳水化合物的含量，然后除以 5，得到一个数字。你要找的食物是膳食纤维含量接近这个数字（或者尽可能接近这个数字）的那种。

为什么要除以 5？这是一个大概的数字，我之所以用这个数字，是因为 5

最接近我们在水果（如浆果）中发现的总碳水化合物和膳食纤维的比率。这种方法并不精确，但越接近这个比率，食物引起的血糖曲线就越平稳。

假设你带着购物清单去超市买面包，请对比品类并选择使葡萄糖峰值更低的那一种。放下任何一种糖在成分表中排在前5的面包，并在其他面包中选择一种膳食纤维在总碳水化合物中的单位含量最高的面包。选择就这么简单（见图A-9）!

（a）纤维1号麦片成分表　　　　　　（b）家乐氏麦片成分表

图A-9　两种不同品牌麦片的营养成分表

比较纤维 1 号和家乐氏两种麦片的成分。纤维 1 号麦片中膳食纤维在总碳水化合物中的比率更高，所以是更好的选择。

尝试一下吧 在你的储藏柜中拿出常吃的食品，翻看其成分表，确认它是否会引起高的葡萄糖峰值。看一下糖在该食品的成分表中是否排在前 5，每 5 g 的总碳水化合物中是否至少含有 1 g 膳食纤维？

Q1 可以把这些食物与不同来源的蛋白质和纤维混合来吃吗？

当然可以。你总是会买到一种引起高葡萄糖峰值的食物的，那么，在吃的时候，请将它与纤维、蛋白质和脂肪一起吃，如将奥利奥与希腊酸奶和坚果一起吃。但是，不管怎样，如果你一开始就选择那些有助于你血糖水平稳定的营养成分，那么事情就会变得更简单。

Q2 是不是要彻底放弃会引起高葡萄糖峰值的食物或者成分表中糖含量排在前 3 的食物？

不，不，那样太苛刻了！最重要的是你要意识到什么会引起高葡萄糖峰值和什么不会引起高葡萄糖峰值。当我买冰激凌时，我其实是在买一种含有大量糖分的食物。它肯定会引起高葡萄糖峰值。我完全能意识到这一点。我只是偶尔吃一次，并不会每天吃。对于我每天都要吃的食物，如酸奶和面包，我会买那些能够使血糖曲线平稳的。

警惕食品标语中的谎言

这里有一些有趣的侦探工作要做，因为有的包装上说得很酷的东西并不意味着对你有好处。下面这些花哨的营销宣传和包装只是想让你去购买他们的产品。例如，无麸质、纯素食和有机食品。有这些标语并不意味着这些食物不会造成高葡萄糖峰值。

"无麸质"并不意味着健康。它只是说明这种食物不是用小麦做的。它仍然可以含有其他淀粉和大量的"糖"。吃1个无麸质巧克力纸杯蛋糕,也会引起很高的葡萄糖峰值(见图 A-10)。

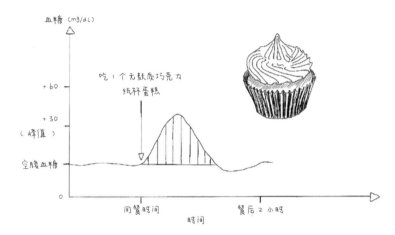

图 A-10　吃 1 个无麸质巧克力纸杯蛋糕后的血糖曲线

"素食"并不意味着健康。它只说明这种食物不含动物制品。和无麸质食物一样,这些食物也可以含有大量的淀粉和"糖"。素年糕也能引起高葡萄糖峰值(见图 A-11)。

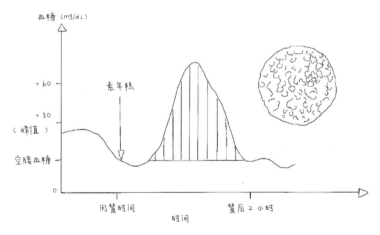

图 A-11　吃完素年糕后的血糖曲线

"有机"并不意味着健康。有机食物仍然可以含有大量的淀粉和"糖"。吃有机奶酪饼干也能引起高葡萄糖峰值（见图 A-12）。

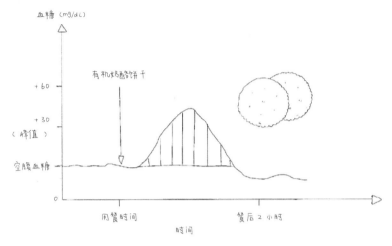

图 A-12　吃有机奶酪饼干后的血糖曲线

最后一点：千万不要饿着肚子购物，这会扰乱你的大脑。当我这么做的时候，所有蔬菜看起来都特别让人没胃口，而货架上的每盒巧克力好像都在召唤我。

控糖女神的一天

通过使用本书中的窍门，我们能收获许多种让自己活得像控糖男神或者控糖女神一样的方法。我以自己的生活为例，展示如何用本书中的窍门来平稳我的血糖曲线。

早餐：我在喝咖啡时会加一些全脂牛奶，而不是脱脂牛奶；较高的脂肪含量有助于血糖曲线保持平稳。接着，用平底锅炒 2 个鸡蛋，加点儿黄油和海盐，然后在旁边放上几汤匙鹰嘴豆。再吃 1 片抹了黄油的黑麦面包。出门前想吃点儿甜食，我拿了一块可可含量为 80% 的黑巧克力，在饭后吃它是最明智的，我不会像原来那样在上午 11 点单独吃它。我用到的窍门包括：

● 窍门 4——平稳早餐后的血糖曲线
● 窍门 6——选择餐后甜点而不是甜甜的零食

工作时：我喝红茶（我通常喝绿茶，但是绿茶今天喝完了）。

午餐：我把前一天晚上吃剩的东西——青豆、芝麻酱烤鳕鱼和野生菰米用微波炉加热一下，这个排序同样也是我吃饭的顺序。我用到的窍门包括：

- 窍门1——正确的饮食顺序

下午茶：在散步的途中，我发现了一款喜欢的饼干，于是买下了它但并没有马上吃掉。回到办公室后，我先喝了1杯拌了1汤匙苹果醋的醋汁，然后吃了5颗杏仁，最后才吃了饼干。大概20分钟后，我去了洗手间，并在那里做了30个深蹲、撑着洗漱台做了10个俯卧撑。我用到的窍门包括：

- 窍门7——吃饭之前喝点儿醋
- 窍门10——为你摄入的碳水化合物"穿上外衣"
- 窍门8——饭后动起来

晚餐：我请朋友过来吃晚餐。我准备了用生胡萝卜块和棕榈心片混合而成的蔬菜沙拉，将其作为开胃菜。开饭前，我将自己最喜欢的火腿沙拉和迷迭香烤土豆放在餐桌上。我的朋友们现在都知道要先吃沙拉，再吃土豆，这样能够让他们的血糖曲线变平稳。

餐后甜点是草莓和凝脂奶酪。吃完甜点20分钟后，我邀请大家去广场散步10分钟。回来后，客人们精力充沛，都想帮忙洗碗！我用到的窍门包括：

- 窍门1——正确的饮食顺序
- 窍门2——在每餐前增加一道绿色开胃菜
- 窍门10——为你摄入的碳水化合物"穿上外衣"
- 窍门8——饭后动起来

独一无二的你

本书中的窍门对我们所有人都管用。在用餐前加一份绿色开胃菜，并且最后吃碳水化合物。不管你是谁，这样做总能够让你的血糖曲线变得平稳。一顿咸香美味的早餐是最好的选择。醋和运动能够让你在吃到蛋糕的同时，还能够保持健康。

有些特定的食物，比如甜点，对某些人来说或许是最佳选择，对其他人却并不是。

2019 年，我帮助我的朋友露娜佩戴了动态血糖仪，并邀请她参加一项非常具有挑战性的实验。首先，我们一起吃了完全一样的早餐和午餐，都没有出现高的葡萄糖峰值。然后，到了下午，我烤了曲奇饼干，并从冰箱里取出了冰激凌，邀请她和我在同一时间享用这些美味下午茶。

接下来出现的情况令我们极为震惊。

我出现了一个极高的葡萄糖峰值，而她几乎没有出现峰值。我们两个人在餐前 2 小时和餐后 2 小时都没有运动，也都没有喝醋汁。你可能想知道这到底是怎么回事。为什么曲奇饼干和冰激凌能让我出现高的葡萄糖峰值，对她却几乎没有影响（见图 H-1 和图 H-2）?

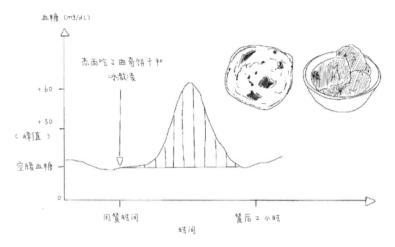

图 H-1　杰西吃了曲奇饼干和冰激凌后的血糖曲线

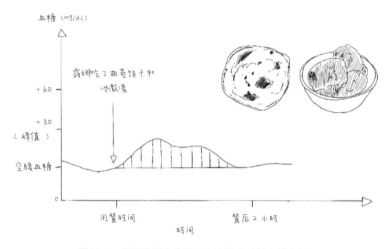

图 H-2　露娜吃了曲奇饼干和冰激凌后的血糖曲线

吃了同样的食物，两个人的葡萄糖水平波动情况却完全不一样。

这不是一个偶然的或者孤立的实验。从 2015 年开始，世界各地的研究团队都遇到过同样奇特的实验结果：不同的人会对同样的食物产生不同的反应。这些差异是由许多不同的因素造成的。如我们的空腹胰岛素含量、肌肉质量、不同的肠道微生物菌群、水合度的高与低、休息情况、压力大小、饭前是否做过运动（或者饭后是否做了运动）等，并且影响因素还在持续增加。一些研究甚至发现，如果你对某种甜食极度渴望，这种食物会使你出现比别人更高的葡萄糖峰值。

尽管每个人的葡萄糖峰值不同，但是一般性原则依然适用：如果我和露娜在吃曲奇饼干和冰激凌之前都吃了坚果，两人的葡萄糖峰值都会相应地低一些。

当我们考虑食物的具体种类时，要把个体差异也考虑进去。例如，如果是曲奇饼干，这种食物对我来说就不是一个很好的选择，但是它可能适合露娜。所以，如果特别想吃甜食，我一般不选曲奇饼干，苹果派对我来说更好。不过，这也并非绝对正确。露娜的血糖曲线平缓可能是因为她体内的胰岛素水平更高，而这或许正说明她的新陈代谢并没有我健康。科学还有很长的路要走。

本书中的窍门对每个人都适用，并且你在使用这些窍门时不需要佩戴动态血糖仪。但是，如果有一天你佩戴了动态血糖仪，或许会发现某些特定食物可能对你更有效果。

考虑到环保的因素，也为了节省纸张、降低图书定价，本书编辑制作了电子版的参考文献。请扫描下方二维码，直达图书详情页，点击"阅读资料包"获取。

这本书吸引了很多人。由于本书有如此大的反响，我要感谢控糖女神社区的人们，感谢他们分享了自己的血糖数据、自己的故事和自己对这件事的热情。这本书正是来自这项我们共同发起的活动。

感谢苏珊娜·李（Susanna Lea），她是我梦寐以求的理想经纪人，她把她的经验、幽默和智慧带进了我的生活。感谢马克·凯斯勒（Mark Kessler）和控糖女神社区的每一个人，感谢你们对我的喜爱。感谢西蒙 & 舒斯特（Simon & Schuster）出版团队和艾米丽·格拉芙（Emily Graff），感谢你们的热情和认可。感谢肖特·布克斯（Short Books）、丽贝可·尼克松（Rebecca Nicolson）和奥瑞尔·卡彭特（Aurea Carpenter），感谢你们的付出和奉献。感谢伊维·邓恩（Evie Dunne），感谢你提供的精彩插图。

感谢罗伯特·拉斯提格（Robert Lustig），感谢你的反馈，这是我非常需要的。感谢我的第一个朋友和第一位读者艾丽莎·伯恩塞得（Elissa

Burnside），感谢你的精神和爱。感谢富兰克林·塞尔文·史瑞伯（Fanklin Servan Schreiber），感谢你引导我探索宇宙。感谢大卫·塞尔文·史瑞伯（David Servan Schreiber），感谢你为我们铺平了道路。

感谢我的朋友们，感谢你们成为最棒的自己，感谢你们和我分享自己的经历。感谢达里奥，感谢你将"礼物"一词很好地表现了出来。感谢赛福拉，感谢你在我的人生旅途中给予的帮助。感谢爱丽丝、保罗、伊内斯、马修、亚瑟和我的家人。感谢我的爸爸，感谢你的善良。感谢我的妈妈，你是我的女神。

感谢安妮·沃伊切赫（Anne Wojcicki）、凯文·瑞恩（Kevin Ryan）和托马斯·谢尔曼（Thomas Sherman），感谢你们对我的信任和指引。

感谢所有在世界各地进行这项研究的科学家和前辈们，这项工作就是在你们研究的基础上进行的。感谢阿克塞尔·埃谢尔曼（Axel Esselmann）和劳伦·库哈苏（Lauren Kohatsu），感谢你们从一开始就参与了这项工作。感谢"23 and Me"公司的每一个人，感谢你们让我理解怎样让科学变得触手可及。感谢波，感谢你帮助我启动这个疯狂的项目。

合上这本书，我也想对自己说一声感谢。感谢自己信任并追随那些照亮我灵魂的东西——让我在大梦初醒后能继续沿着这条路走下去。尽管这个过程并不容易，但我还是很高兴自己被选中做这件事，希望我做得还不错。

未来，属于终身学习者

我们正在亲历前所未有的变革——互联网改变了信息传递的方式，指数级技术快速发展并颠覆商业世界，人工智能正在侵占越来越多的人类领地。

面对这些变化，我们需要问自己：未来需要什么样的人才？

答案是，成为终身学习者。终身学习意味着永不停歇地追求全面的知识结构、强大的逻辑思考能力和敏锐的感知力。这是一种能够在不断变化中随时重建、更新认知体系的能力。阅读，无疑是帮助我们提高这种能力的最佳途径。

在充满不确定性的时代，答案并不总是简单地出现在书本之中。"读万卷书"不仅要亲自阅读、广泛阅读，也需要我们深入探索好书的内部世界，让知识不再局限于书本之中。

湛庐阅读 App: 与最聪明的人共同进化

我们现在推出全新的湛庐阅读 App，它将成为您在书本之外，践行终身学习的场所。

- 不用考虑"读什么"。这里汇集了湛庐所有纸质书、电子书、有声书和各种阅读服务。
- 可以学习"怎么读"。我们提供包括课程、精读班和讲书在内的全方位阅读解决方案。
- 谁来领读？您能最先了解到作者、译者、专家等大咖的前沿洞见，他们是高质量思想的源泉。
- 与谁共读？您将加入优秀的读者和终身学习者的行列，他们对阅读和学习具有持久的热情和源源不断的动力。

在湛庐阅读 App 首页，编辑为您精选了经典书目和优质音视频内容，每天早、中、晚更新，满足您不间断的阅读需求。

【特别专题】【主题书单】【人物特写】等原创专栏，提供专业、深度的解读和选书参考，回应社会议题，是您了解湛庐近千位重要作者思想的独家渠道。

在每本图书的详情页，您将通过深度导读栏目【专家视点】【深度访谈】和【书评】读懂、读透一本好书。

通过这个不设限的学习平台，您在任何时间、任何地点都能获得有价值的思想，并通过阅读实现终身学习。我们邀您共建一个与最聪明的人共同进化的社区，使其成为先进思想交汇的聚集地，这正是我们的使命和价值所在。

CHEERS

湛庐阅读 App 使用指南

读什么
- 纸质书
- 电子书
- 有声书

怎么读
- 课程
- 精读班
- 讲书
- 测一测
- 参考文献
- 图片资料

与谁共读
- 主题书单
- 特别专题
- 人物特写
- 日更专栏
- 编辑推荐

谁来领读
- 专家视点
- 深度访谈
- 书评
- 精彩视频

HERE COMES EVERYBODY

下载湛庐阅读 App
一站获取阅读服务

GLUCOSE REVOLUTION by Jessie Inchauspé

Copyright © Jessie Inchauspé, 2023

International Rights Management: Susanna Lea Associates

浙江省版权局图字：11-2023-210

图书在版编目（CIP）数据

控糖革命 /（法）杰西·安佐斯佩著；张艳娟译 . —
杭州：浙江科学技术出版社，2024.1（2024.12重印）
　ISBN 978-7-5739-0889-6

Ⅰ. ①控… Ⅱ. ①杰… ②张… Ⅲ. ①葡萄糖 Ⅳ. ①Q532

中国国家版本馆 CIP 数据核字（2023）第 200266 号

书　　名	控糖革命	
著　　者	[法] 杰西·安佐斯佩	
译　　者	张艳娟	

出版发行　**浙江科学技术出版社**
　　　　　地址：杭州市环城北路177号　　邮政编码：310006
　　　　　办公室电话：0571－85176593
　　　　　销售部电话：0571－85062597
　　　　　E-mail:zkpress@zkpress.com
印　　刷　唐山富达印务有限公司

开　本	710 mm×965 mm　1/16		印　张	14.5
字　数	205 千字		插　页	1
版　次	2024 年 1 月第 1 版		印　次	2024 年 12 月第 9 次印刷
书　号	ISBN 978-7-5739-0889-6		定　价	79.90 元

责任编辑　陈淑阳			**责任美编**　金　晖	
责任校对　张　宁			**责任印务**　吕　琰	